超简单

用ChatGPT+
实用AI 工具

快学习教育◎编著

让短视频
飞起来

北京理工大学出版社
BEIJING INSTITUTE OF TECHNOLOGY PRESS

图书在版编目（ＣＩＰ）数据

超简单：用 ChatGPT+ 实用 AI 工具让短视频飞起来 /
快学习教育编著 . -- 北京：北京理工大学出版社，
2023.9

ISBN 978 - 7 - 5763 - 2826 - 4

Ⅰ . ①超⋯ Ⅱ . ①快⋯ Ⅲ . ①视频制作 Ⅳ .
①TN948.4

中国国家版本馆 CIP 数据核字（2023）第 164758 号

责任编辑： 江　立　　　　**文案编辑：** 江　立
责任校对： 周瑞红　　　　**责任印制：** 施胜娟

出版发行 / 北京理工大学出版社有限责任公司

社　　址 / 北京市丰台区四合庄路6号

邮　　编 / 100070

电　　话 / （010）68944451（大众售后服务热线）

　　　　　　（010）68912824（大众售后服务热线）

网　　址 / http://www.bitpress.com.cn

版 印 次 / 2023 年 9 月第 1 版第 1 次印刷

印　　刷 / 文畅阁印刷有限公司

开　　本 / 889 mm×1194 mm　1 / 24

印　　张 / 9

字　　数 / 160 千字

定　　价 / 79.00 元

前 言
Preface

在当今这个数字时代，短视频已经成为人们生活中不可或缺的一部分。然而，创作一个创意新颖、引人入胜的短视频并非易事。从故事构建到特效处理，从字幕设计到音频编辑，每个环节不仅需要耗费大量的时间和精力，而且对知识和技能的专业水平有着较高的要求。

本书旨在探讨如何利用以 ChatGPT 为代表的 AI 工具打造更智能、更高效的短视频创作体验，帮助新手跨越创作门槛，帮助老手提升创作效率，让更多的短视频用户轻松创作出别具一格的作品。

全书共 10 章，通过清晰的结构和丰富的案例，循序渐进地带领读者学习和掌握 AI 技术在短视频创作领域的应用。

第 1 章：主要介绍如何利用 ChatGPT、文心一言、Notion AI、新必应等 AI 工具获取创意灵感、撰写标题和脚本，搭建短视频创作的基础框架。

第 2 章：主要介绍如何利用 AI 工具生成高质量的图像素材，提升短视频的视觉吸引力。

第 3 章：主要介绍如何利用 AI 工具进行图像的智能编辑，包括扩展画面、去除杂物或水印、替换背景等，提升短视频的画面质量。

第 4 章：主要介绍如何利用 AI 工具创作音乐和生成拟人音频，为短视频注入情感和氛围，提升观看体验。

第 5 章：主要介绍如何利用 AI 技术生成和编辑视频素材，包括图像动画化、虚拟数字主播生成、视频背景去除、根据文本匹配视频素材等。

第 6 章：主要介绍如何利用 ChatGPT 编写 Python 代码对素材进行批量处理，从而提高创作效率，包括批量转换格式、批量缩放或裁剪画面、批量调整播放速度、批量统一视频时长等。

第 7 ~ 10 章：通过 4 个综合性较强的案例，详细介绍如何结合运用多种 AI 工具，实现短视频创作的全流程智能化。

本书以实用性为导向，将理论与实践紧密结合。无论您是一名刚入门的视频制作爱好者，还是一名资深的内容创作者，本书都将为您提供丰富的创意灵感和实用的技术指导。

由于 AI 技术的更新和升级速度很快，加之编者水平有限，本书难免有不足之处，恳请广大读者批评指正。

编　者
2023 年 8 月

目 录
Contents

第1章 ▶ 用 AI 工具生成创意、标题和脚本

第 2 章　素材图像的生成

第 3 章　图像的智能编辑

第 4 章　音乐与拟人音频创作

第 5 章　AI 数字化视频创作

第 6 章　视频素材的批量处理

第 7 章　动画视频制作

第 **1** 章

用 AI 工具生成创意、标题和脚本

　　短视频创作的传统流程是在准确把握市场需求和受众喜好的基础上进行头脑风暴和创意筛选，并反复撰写和优化脚本，这往往要耗费大量的时间和精力。而现在，在 AI 工具的帮助下，短视频的创作者和运营者能够以更加轻松的方式提高创作的效率并增加创意的多样性。本章就来介绍如何使用 AI 工具获取短视频的创意、撰写短视频的标题和脚本。

1.1 了解短视频的定义与特点

短视频是一种新兴的媒体形式，创作者和运营者必须了解短视频的定义和特点，才能更精准地把握创作要求，从而提高作品的传播力和影响力。

1.1.1 短视频的定义

短视频一般是指在互联网新媒体上传播的、时长在 15 秒至 5 分钟的视频。短视频的内容主题类型非常广泛，如搞笑片段、歌舞表演、美食制作、生活技巧、时事新闻等。

短视频的兴起与社交媒体和智能手机的普及密切相关。用户可以通过手机应用程序或社交媒体平台上传、分享和观看短视频。一些短视频平台的手机应用程序还提供易用的短视频编辑工具，让用户能够轻松地创作自己的作品。

短视频平台通常通过推荐算法为用户提供个性化的内容，根据用户的兴趣和喜好呈现相关的短视频。这些平台还提供互动功能，如点赞、评论和分享。短视频在当今的社交媒体和互联网文化中扮演着重要的角色，已经成为人们日常生活中不可或缺的一种娱乐方式和信息获取渠道。

1.1.2 短视频的特点

与电影、电视剧等传统的视频媒体形式相比，短视频主要具有如下特点：

1. 简短易消化

短视频的时长较短，适合快节奏的生活方式。用户可以在几秒钟或几分钟内迅速获取信息或娱乐内容，不需要花费过多的时间和精力。

2. 创意表达要求高

由于时长限制，短视频的表达方式应精练和简洁。创作者必须在有限的时间内展现创意，综合运用视觉效果、剪辑技巧、音乐搭配等多种手段吸引受众。

3. 快速传播

短视频内容易于在社交媒体和即时通信应用程序上分享和传播。用户可以通过简单的操作将短视频发送给朋友或家人，从而迅速扩大内容的传播范围。

4．社交互动

短视频平台通常提供点赞、评论和分享等社交互动功能，这增强了用户之间的交流，也在创作者与受众之间建立起联系和反馈的渠道。

5．内容多样化

短视频内容的主题类型非常多样化，能够适应不同用户群体的喜好和需求。

6．创作门槛低

相比于传统的长篇视频创作，短视频的创作门槛较低。用户不需要购买昂贵的设备或精通专业的摄影和剪辑技术，使用智能手机和简单的视频编辑工具就能轻松地创建和编辑短视频。

1.2　借助 AI 工具快速获取创意

创意策划是短视频创作的起点。获取创意的手段有很多，创作者可以针对某个主题进行头脑风暴来拓展思路，或者通过搜集大量的时事热点来启发灵感。本节就来介绍在短视频的创意策划阶段如何利用 AI 工具提高效率。

1.2.1　使用 ChatGPT 获取创意

ChatGPT 是当今最受欢迎的聊天机器人，下面通过与 ChatGPT 对话，为一个智能家居品牌撰写短视频广告创意。

步骤01　**描述需求并生成创意。**首先要求 ChatGPT 提供视频广告创意，对话过程如下。

> 你现在是一名非常优秀的广告创意策划师，请为某智能家居品牌提供两个视频广告创意。

> 当然！作为一名优秀的广告创意策划师，我很愿意为您提供关于某智能家居

品牌的两个视频广告创意。

广告创意一：智能家居，打开未来之门

简介：展示一个现代家庭中的各种场景，通过智能家居品牌的产品和解决方案，让家庭生活更加便捷和舒适。从智能照明、智能安防到智能家电，展示产品的功能和创新之处，并强调智能家居品牌是通向未来的关键。

广告创意二：智能家居，家的新定义

简介：通过一段富有想象力的动画，展示智能家居品牌为用户带来家庭生活的新定义。从智能家庭助手的互动、智能家电的自动化控制到整体的智能家居系统，呈现一个充满创意和科技感的家居环境，让用户感受到智能家居品牌所创造的未来家庭的无限可能性。

这些创意将通过视频广告的形式，生动地展示品牌的理念和产品，吸引受众的注意力，并激发他们对品牌的兴趣和需求。希望这些创意能够为您的品牌广告带来新的灵感和创造力！

步骤02 **按要求细化创意内容。**在 ChatGPT 给出的创意中选择符合预期的一个创意，再进一步深入提问，对话过程如下。

第 1 个广告创意不错，请提供具体的视频创意内容。

非常感谢您对第 1 个广告创意的认可！以下是具体的视频创意内容：

开场：黑屏，出现文字"智能家居，打开未来之门"，伴随着震撼的音效。

场景 1：透过家门的镜头，慢慢展现现代家庭的客厅。灯光逐渐亮起，揭示出智能照明系统的功能。

场景 2：镜头聚焦在家庭成员使用语音指令控制智能家居设备的场景。例如，一位年轻女性对智能助手说出指令"打开窗帘"，然后窗帘便自动打开。

场景 3：通过剪辑展示不同房间的智能家居应用，包括卧室、厨房、书房等。强调智能家电、智能安防和智能娱乐等方面的功能和便利。

场景 4：以图形的方式展示智能家居品牌的中央控制系统。用户可以通过触摸屏或移动设备轻松控制家中的各个智能设备。

场景 5：镜头切换到室外，展示智能家居系统与户外环境的互动，如自动灯光调节和安防监控。

场景 6：画面逐渐过渡到未来城市的虚拟场景，展示智能家居品牌与未来生活的紧密联系。通过 CG 特效呈现未来城市的高科技环境和智能家居技术的发展。

结尾：品牌标识和口号出现，伴随着激动人心的音乐和旁白："×××智能家居，为您带来未来的家居体验。"

请注意，以上创意仅作为指导，实际的视频制作过程中需要根据您的品牌形象、预算和制作团队的实际情况进行调整和修改。这些创意将帮助您展示智能家居品牌的核心特点和优势，吸引受众的注意力并传递品牌信息。祝您的视频广告制作成功！

1.2.2　使用新必应搜索热点信息

新必应是在原必应搜索引擎中集成了 ChatGPT 的核心技术后诞生的新产品，能为用户带来更加高效、便捷、有趣的搜索体验。本节将介绍使用新必应搜索热点信息的方法。

步骤01　**选择对话样式**。在 Edge 浏览器中打开新必应的页面。在"选择对话样式"下方单击"更精确"选项，以开启一个风格为"简洁、直截了当"的新对话，如图 1-1 所示。

图1-1

提 示

除了在网页中使用新必应，还可以在 Edge 浏览器的侧栏中使用新必应。在 Edge 浏览器的侧栏中单击"发现"按钮，展开新必应的界面窗格，默认显示的就是"聊天"界面。如果侧栏中没有"发现"按钮，则需在"设置→侧栏"中启用"发现"按钮。

步骤02 **获取热点新闻。**首先获取指定领域的热点新闻，对话过程如图 1-2 所示。由于篇幅有限，这里仅要求获取 5 条热点新闻，读者可根据需求增加数量。

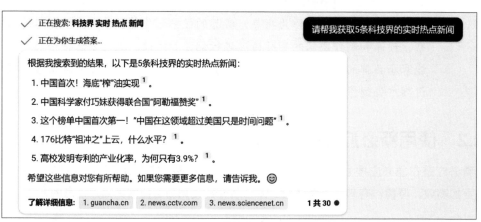

图1-2

步骤03 **获取微博热门话题。**接着获取微博热门话题的前 5 条，对话过程如图 1-3 所示。

图1-3

步骤 04　**追加提问获取更多信息**。假设我们运营的短视频账号是营养健康领域的，那么上述回答中的第 3 条就可以作为短视频的创意来源。为了搜集创作素材，继续让新必应搜索更多相关信息，对话过程如图 1-4 所示。

图1-4

> **提　示**
>
> 　　新必应在生成答案的下方会给出信息的来源网址，便于用户做进一步的了解。此外，在答案框下方还会显示与生成答案相关的智能联想问题，可通过鼠标单击直接进行提问。若新必应回复"无法搜索"，可尝试修改提问方式令其重新搜索，也可创建新主题或切换对话样式后进行提问。

1.2.3　使用 Python 爬虫获取热点信息

　　爬虫是一种用于从网页中采集数据的程序，它能模拟网页浏览器对网页服务器发起请求，获得指定网页的源代码，再从网页源代码中提取需要的数据。本节以爬取新浪微博话题榜的数据为例，讲解如何借助 ChatGPT 编写 Python 爬虫代码来获取热点信息。

步骤 01　**判断网页加载方式**。❶使用 Edge 浏览器打开新浪微博话题榜页面（https://weibo.com/tabtype=topic&gid=&openLoginLayer=0&url=），向下滑动鼠标滚轮或向下拖动页面右侧的滚动条，❷可以看到网页中会加载出更多话题，如图 1-5 所示，由此可以判断该网页是动态加载的。

图1-5

步骤 02 查找请求动态加载内容的接口地址。按〈F12〉键或〈Ctrl+Shift+I〉快捷键打开开发者工具，❶切换到"网络"选项卡，❷单击"Fetch/XHR"按钮，如果在选项卡中看不到内容，则按〈F5〉键或〈Ctrl+R〉快捷键刷新页面，随后会出现多个条目，继续向下滚动页面，加载出新的内容，可看到原有条目下方出现多个新条目，❸单击第 1 个条目，❹在右侧切换到"标头"选项卡，❺"常规"栏目中"请求 URL"的值是请求动态加载内容的网址，"?"号之前的部分则是接口地址，如图 1-6 所示。

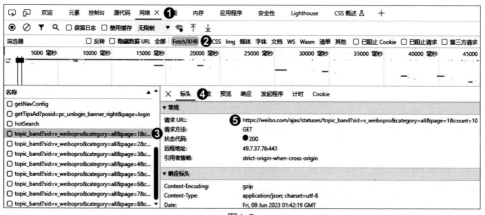

图1-6

步骤03 **分析动态参数。**❶切换至"负载"选项卡，❷在"查询字符串参数"栏目查看动态参数的名称和值，如图 1-7 所示。用相同的方法分析其他条目的接口地址和动态参数。通过对比可以发现，不同条目的接口地址相同，动态参数中只有 page 的值在不断变化，变化的规律是从 1 开始递增，合理推测该参数代表页码。

图1-7

> **提　示**
>
> 　　可以根据"**?**"将请求动态加载内容的网址拆分成两部分，第 1 部分是请求动态加载内容的接口地址，第 2 部分是动态参数。再根据"**&**"拆分第 2 部分，即可得到各个动态参数的名称和值。

步骤04 **查找要爬取的数据。**❶在开发者工具中选择任意一个动态加载条目，❷在右侧切换到"预览"选项卡，❸即可预览动态请求返回的内容，如图 1-8 所示。可以看到它不是 HTML 代码，而是 JSON 格式的数据。在 Python 中，可以将 JSON 格式数据理解为字典和列表的组合。这里的 JSON 格式数据是一个大字典，依次展开 data 键、statuses 键，可以看到对应的值是一个大列表，列表中有 10 个字典，分别存储了 10 个话题的数据，其结构大致为 {'data': {'statuses': [...]}}。展开任意一个话题对应的字典，可以看到话题的详细数据，包括标题、排名、阅读量等。至此，网页动态请求的初步分析就完成了。

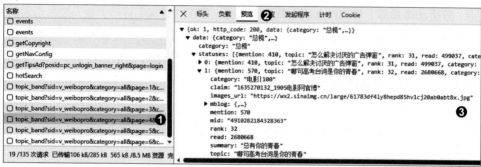

图1-8

步骤05 描述需求生成代码。与 ChatGPT 对话，要求其编写 Python 代码爬取数据。对话过程中要给出尽可能详细的信息，具体如下。

> 你是一名资深的Python爬虫工程师，现在需要你爬取新浪微博话题榜的数据。项目的相关信息如下：
>
> （1）请求动态加载内容的接口地址为 https://weibo.com/ajax/statuses/topic_band。
>
> （2）动态参数和值分别为：sid: v_weibopro，category: all，page: 1，count: 10。其中参数 page 代表页码。
>
> （3）每次请求会返回一组 JSON 数据，其结构为 {'data': {'statuses': [...]}}，话题榜的数据位于statuses键对应的列表中。列表中的每个元素是一个字典，对应一个话题的数据。
>
> 项目的要求如下：
>
> （1）要求使用 Requests 模块和 pandas 模块。
>
> （2）需要爬取的页码是 1～5。
>
> （3）每一页的爬取不管成功还是失败，都要输出相应的信息。
>
> （4）需要从 JSON 数据中提取这些字段的值并汇总：topic、summary、read、mention、claim。
>
> （5）汇总数据时使用中文的字段名：话题、导语、阅读量、讨论数、主持人。
>
> （6）最后将汇总数据导出成 CSV 文件，注意使用正确的编码格式。
>
> 请按上述信息和要求编写 Python 代码，谢谢。

下面是按照您提供的信息和要求编写的 Python 代码，用于爬取新浪微博话题榜的数据并导出成 CSV 文件：

```python
import requests
import pandas as pd
# 设置接口地址
url = "https://weibo.com/ajax/statuses/topic_band"
# 创建空列表，用于汇总数据
data_list = []
# 设置爬取的页码范围
start_page = 1
end_page = 5
# 循环爬取每一页的数据
for page in range(start_page, end_page + 1):
    # 设置请求的动态参数
    params = {
        "sid": "v_weibopro",
        "category": "all",
        "page": page,
        "count": 10
    }
    try:
        # 发送请求
        response = requests.get(url=url, params=params)
        # 检查请求是否成功
        response.raise_for_status()
        # 解析JSON数据
        json_data = response.json()
```

```
26              # 提取并汇总数据
27              statuses = json_data["data"]["statuses"]
28              for status in statuses:
29                  topic = status["topic"]
30                  summary = status["summary"]
31                  read = status["read"]
32                  mention = status["mention"]
33                  claim = status["claim"]
34                  data_list.append({
35                      "话题": topic,
36                      "导语": summary,
37                      "阅读量": read,
38                      "讨论数": mention,
39                      "主持人": claim
40                  })
41              print(f"第 {page} 页数据爬取成功")
42          except:
43              print(f"第 {page} 页数据爬取失败")
44      # 将数据转换为DataFrame
45      df = pd.DataFrame(data_list)
46      # 将数据导出为CSV文件
47      output_file = "weibo_topic_data.csv"
48      df.to_csv(output_file, index=False, encoding="utf-8-sig")
49      print(f"数据已成功导出至文件 {output_file}")
```

这段代码使用 Requests 模块发送 HTTP 请求，并使用 pandas 模块整理和导出数据。在爬取每一页的数据时，会判断请求的响应状态码，以确保成功获取到数据。最后，将汇总的数据导出成 CSV 文件，使用 utf-8-sig 编码格式以支持中文字符。

步骤 06　**运行代码**。将 ChatGPT 生成的代码复制、粘贴到 Python 编辑器中，保存代码文件并运行代码。运行完毕后，在 Excel 程序中打开生成的 CSV 文件 "weibo_topic_data.csv"，可看到爬取的 50 条数据，如图 1-9 所示。

	A	B	C	D	E
1	话题	导语	阅读量	讨论数	主持人
2	你贫血的原因可能和咖啡有关	你贫血的原因可能和咖啡有关	123546668	7383	2610186355_赵乐阿
3	你会购买理发店的储值卡吗	理发店、健身房、瑜伽馆等等充了钱，结果店改名	8535367	2725	2334162530_1818黄金眼
4	追光的日子好看吗	追光的日子开播啦！你觉得好看吗？	10947180	21703	1985593262_新京报文娱
47	雪糕刺客现在怎么样了	来，互相推荐一下你的最爱雪糕！	5291221	3404	6037687121_Bigger研究所
48	跑步和跳绳哪个更适合减肥	随着杭州亚运会和高温天气到来，减肥季也纷纷开	44403526	25135	7467277921_西部决策
49	超能一家人里你最想拥有谁的超能力	《超能一家人》不死爷爷、隐身爸爸、飞天姐姐和	1461878	1761	1985593262_新京报文娱
50	你会用公共场合的按摩椅吗	当前，各大商场、电影院以及车站，都能见到共享	3498673	54	2028810631_新浪新闻
51	qq会被微信取代吗	有传闻称传输助手是真人，微信对此回应称：抱歉	395204	167	1750070171_36氪

图1-9

> **提　示**
>
> 要编写和运行 Python 代码，需要在计算机中搭建 Python 的编程环境。相关知识见本书实例文件中附赠的电子文档。

1.3　爆款标题的撰写

从社交媒体到视频平台，各种各样的短视频不断涌现，争夺着用户的注意力。能在这个竞争激烈的领域中脱颖而出的短视频作品通常都拥有一个"吸睛"的标题。本节将讲解短视频标题的常见类型和撰写技巧。

1.3.1　常见的标题类型及其应用场景

标题是为视频内容服务的，针对不同的视频内容和目标受众，需要选择合适的标题类型，以更好地吸引受众的注意力，并帮助视频获得更高的曝光度和更多的流量。下面介绍一些常见的短视频标题类型及其应用场景。

1. 问题式标题

问题式标题通过提出引人注意的问题来吸引受众的兴趣，适用于知识类、解谜类或引发思考的视频内容。图 1-10 和图 1-11 所示的两个视频标题就属于问题式标题。

图1-10

图1-11

2．教程式标题

教程式标题明确表明视频将教授某种知识或技能，适用于各种教学类视频，如烹饪、手工制作、舞蹈教学等。图 1-12 和图 1-13 所示的两个视频标题就属于教程式标题。

图1-12

图1-13

3．挑战式标题

挑战式标题暗示视频内容是一个挑战，受众可以尝试或参与其中。这种标题可以激发受众的好奇心，提高受众的参与度，适用于健身挑战、游戏挑战、舞蹈挑战等类型的视频。图 1-14 和图 1-15 所示的两个视频标题就属于挑战式标题。

图1-14

图1-15

4．趣味式标题

趣味式标题主要通过幽默、有趣的方式来吸引受众，适用于搞笑、滑稽或娱乐性强的视频内容。图 1-16 和图 1-17 所示的两个视频标题就属于趣味式标题。

图 1-16

图 1-17

5．列表式标题

列表式标题表示视频内容将提供一个清单或一系列相关的事物，受众可以期待在视频中获得多个有趣或实用的信息。这种标题适用于知识科普、生活技巧、排行榜类的视频内容。图 1-18 和图 1-19 所示的两个视频标题就属于列表式标题。

图 1-18

图 1-19

1.3.2　短视频标题的撰写技巧

俗话说："题好文一半。"撰写标题是一门艺术，下面介绍一些撰写标题的技巧。

1．确定目标受众

撰写标题前需要了解受众是谁，以及他们感兴趣的内容，从而有针对性地选择适合他们的标题类型和风格。

2．使用数字

在标题中使用具体的数字可以强调内容的丰富程度，从而更好地激发受众的兴趣。

3．使用强有力的动词

动词可以使标题更有力、更生动。使用动态的、积极的动词可以使标题更引人注目。

4．使用具有争议性的观点或问题

在标题中提出具有争议性的观点或问题，可以激发受众的兴趣，并鼓励他们通过观看视频来进一步探索主题内容。

5．增添幽默感

在某些情况下，使用幽默的表达方式可以使标题更加生动有趣，从而吸引受众的注意力。

6．要限制字数

随着生活节奏的加快，耐心成了一种稀缺资源。太长的标题可能会让受众失去阅读的耐心，应尽量避免。

7．准确地反映内容

适度夸张可以帮助标题吸引受众，但是如果"文不对题"，受众可能会大失所望，甚至对短视频账号进行"取关"或"拉黑"。

1.4 利用 AI 工具撰写吸睛标题

一个好标题的诞生需要以丰富的灵感为基础。当我们感到灵感匮乏而陷入创意的困境时，文本生成类 AI 工具可以成为我们的救星。本节就来介绍如何利用这类 AI 工具为短视频撰写标题。

1.4.1 为新闻报道类短视频撰写标题：ChatGPT

在快节奏的现代生活中，新闻报道类短视频凭着简洁、生动的优点成为许多人获取资讯的首选方式。本节将介绍如何使用 ChatGPT 为新闻报道类短视频撰写标题。

步骤01　**描述需求并生成标题**。打开 ChatGPT，进行如下所示的对话。

> 👤　我需要你为一个新闻报道类短视频生成 3 个用词尖锐的问题式标题。新闻报道的主要内容是对人工智能的业界人士进行的采访，这些人士在采访过程中讨论了 ChatGPT 等人工智能技术的潜力与威胁，并提出了一些具有争议性的观点。

> ⑤　当然，以下是一些用词尖锐的问题式标题：
> （1）人工智能之争：ChatGPT 是机遇还是威胁？业界人士的看法如何？
> （2）ChatGPT：神器还是恶魔？业界专家发表激烈观点！
> （3）AI 的机遇与挑战：ChatGPT 引发业界大辩论！您赞成哪一派？
> 这些问题式标题旨在引发受众的兴趣，并促使他们思考 ChatGPT 等人工智能技术可能带来的影响。

步骤02　**追加提问以修改标题**。ChatGPT 生成的标题字数较多，不够简洁，因此，我们通过追加提问让 ChatGPT 修改标题。

> 👤　请将上述标题修改得更加简洁，要求保留问题式标题的形式。

> ⑤　以下是经过修改的 3 个简洁的问题式标题：
> （1）人工智能之争：机遇还是威胁？
> （2）ChatGPT：神器还是恶魔？
> （3）AI 的机遇与挑战：业界大辩论！您赞成谁？

可以看到，修改后的标题更加简洁和明确，也更能吸引受众的注意力。如果对 ChatGPT 生成的标题感到难以抉择，可以追加提问，让 ChatGPT 对标题做评价，然后根据评价内容让 ChatGPT 有针对性地进行润色和优化。

提　示

　　以 ChatGPT 为代表的文本生成类 AI 工具仍处于发展阶段，用这类工具生成的标题还难以达到当下爆款标题的水平，但是创作者仍然可以从中获得灵感，更加轻松地撰写出符合自己需求的标题。

1.4.2 为萌宠类短视频撰写标题：文心一言

随着生活水平的提高，人们越来越注重精神需求的满足，养宠物便成为当下一种时尚的生活方式。在各大短视频平台上，萌宠类短视频的热度也一直居高不下。本节将介绍如何用文心一言（https://yiyan.baidu.com/）为萌宠类短视频撰写标题。

步骤01 **描述需求并生成标题。**打开文心一言，进行如下所示的对话。

> 请帮我为一个萌宠类短视频生成 3 个列表式标题，要求风格幽默、含有数字。这个视频的主要内容是展示萌宝与猫咪相亲相爱的美好时光。

> 以下是可能符合您要求的 3 个列表式标题，它们都带有数字和一些幽默元素：
> （1）看看萌宝和猫咪的"8 秒"爱情
> （2）让你心碎！10 张猫咪和萌宝拥抱图片
> （3）一只猫咪与一个萌宝，唯美的"7 分"爱情故事

步骤02 **修改提示词重新生成标题。**文心一言生成的标题的确都围绕着"萌宝与猫咪"这个要点，但是提示词中的"相亲相爱"可能产生了一定的误导作用，导致生成的标题不能准确地表达短视频中流露的情感。因此，我们对提示词进行修改，以更贴切地描述短视频的内容。

> 请帮我为一个萌宠类短视频生成 3 个列表式标题，要求风格幽默、含有数字。这个视频的主要内容是展示萌宝与猫咪日常互动的有趣时光。

> 好的，以下是可能符合您要求的 3 个标题：
> （1）猫咪 + 萌宝 = 无敌组合！7 招玩转宠物互动，第 3 招高能预警！
> （2）10 张图，看猫咪和萌宝有多逗！第 5 张笑炸你的朋友圈！
> （3）猫咪和萌宝的互动必杀技，5 招玩出新花样！第 4 招绝不无聊！

文心一言根据修改后的提示词生成的标题很好地运用了数字来激发受众对视频内容的期待，引导受众坚持看完视频，有助于提高视频的完播率。

1.4.3 为美食类短视频撰写标题：Notion AI

假设我们要拍摄一个短视频讲解韭菜炒鸡蛋的做法，这道菜是普通的家常菜，本身就缺

乏看点，我们必须在相关文案上下些功夫，才能让作品出彩。下面使用 Notion AI 为这个短视频撰写吸引眼球的标题。

步骤01　**调用 Notion AI 的写作功能。**在网页浏览器中进入 Notion AI 首页（https://www.notion.so）并登录账户。进入工作区，❶创建一个新页面，❷在页面中输入斜杠（/），唤醒 Notion AI，❸在弹出的菜单中选择"Ask AI to write"选项，如图 1-20 所示。

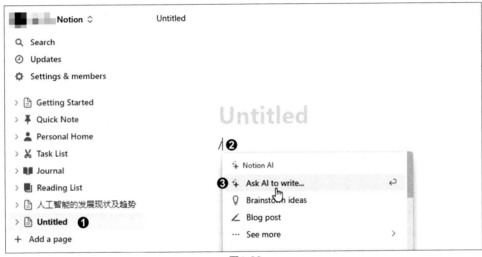

图1-20

步骤02　**要求提供撰写标题的技巧。**❶在文本框中输入提示词，让 Notion AI 提供一些写标题的技巧，❷单击右侧的❹按钮，提交提示词，如图 1-21 所示。

图1-21

步骤 03 **查看生成的内容。**稍等片刻，Notion AI 会根据提示词生成回答，如图 1-22 所示。

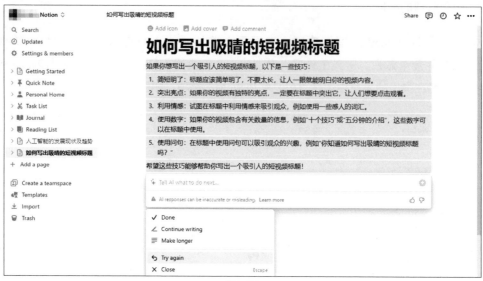

图1-22

步骤 04 **要求生成短视频标题。**❶在页面中继续输入斜杠（/），唤醒 Notion AI，❷在弹出的菜单中选择"Ask AI to write"选项，如图 1-23 所示。❸在弹出的文本框中输入提示词，要求 Notion AI 套用前述技巧生成短视频标题，❹单击右侧的 ⬆ 按钮，如图 1-24 所示。

图1-23   图1-24

步骤 05 **查看生成的短视频标题。**稍等片刻，Notion AI 会根据提示词的要求生成短视频标题，如图 1-25 所示。我们既可以直接选用其中一个标题，也可以对标题进行适当修改后再应用。

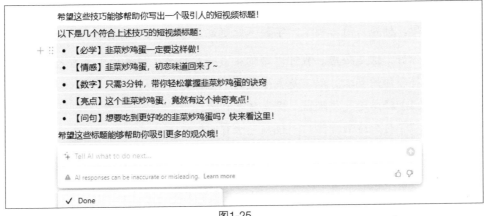

图1-25

1.4.4　为时尚美妆类短视频撰写标题：新必应

爱美是人的天性。时尚美妆类短视频满足了爱美人士追踪时尚资讯、选购美妆产品、学习美妆技巧等方面的需求，因而成为社交媒体和短视频平台上的热门内容。本节将介绍如何使用新必应为时尚美妆类短视频撰写标题。

步骤01　**选择对话样式**。在 Edge 浏览器中进入新必应的页面。在"选择对话样式"下方单击"更有创造力"选项，以开启一个风格为"富有想象力和创造力"的新对话，如图 1-26 所示。

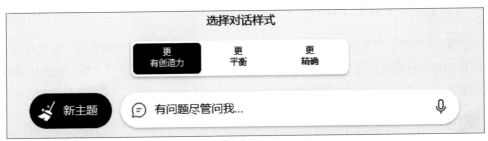

图1-26

步骤02　**描述需求并生成标题**。首先向新必应提问，让其生成时尚美妆类短视频的标题。对话过程如下。

请你为一个防晒产品分享视频撰写 5 个具有吸引力、能够突出产品亮点的标题。标题需简洁明了，字数不能超过 20 个中文字符。

你好，这是必应。我可以帮你生成一些标题，但是你需要自己检查它们是否符合你的要求。以下是我生成的一些标题：

（1）轻薄透气防晒霜，提亮肤色神器！

（2）超级防晒神器，一瓶搞定所有问题！

（3）防晒 + 抗氧化 + 修复，我的防晒秘诀！

（4）变色调节肤色防晒霜，你见过吗？

（5）安全无添加防晒霜，肌肤健康美丽！

步骤03 追加提问以修改标题。从新必应生成的 5 个标题中选择一个最适合自己短视频主题的标题，让新必应根据这个标题继续撰写更多标题。对话过程如下。

请从第 2 个标题所表现的主题角度出发，再撰写 5 个符合要求的标题。

以下是我从第 2 个标题所表现的主题角度出发，生成的一些标题：

（1）一瓶防晒霜，防晒难题全解决！

（2）防晒霜强大升级！防晒保湿抗老！

（3）一瓶全能防晒霜，不用再买别的！

（4）防晒霜多重护理，肌肤更健康！

（5）省钱省心防晒霜，一瓶顶十瓶！

步骤 02 的对话生成的第 2 个标题主要突出的是产品功能的"全面"和"强大"，步骤 03 的对话生成的标题紧密地围绕着这些亮点，并用适度夸张的手法进行表现，很好地满足了我们的要求。

> **提 示**
>
> 本书的案例仅为展示文本生成类 AI 工具的基本使用方法，提示词的描述比较简单，对话的次数也比较少。读者在实践中应该为 AI 工具提供尽可能详细的背景信息，并可根据实际情况进行多次对话，以获得满意的结果。

1.5 优质脚本的撰写技巧

视频脚本是一种指导性的文本，用于规划和组织视频内容、场景描述、角色的对话和动作、音效和音乐的选择等。对于短视频创作来说，脚本可以是详细的文档，也可以是简单的大纲或草稿，具体取决于创作者的需求和作品的规模。高质量的脚本是创作出优质短视频的前提，下面介绍一些撰写短视频脚本的技巧。

1．简洁明了

短视频的特点是短小精悍，因此，短视频脚本也要注意保持对话和场景的简练性，使其紧凑而有力。

2．强调情节

确保脚本围绕一个明确的主题或故事情节展开，使受众能够轻松地理解并被吸引。

3．引人入胜的开头

短视频吸引受众的关键在于开头部分，因此，脚本的开头部分需要精心设计，可以通过引发好奇心、提出问题或展示冲突等手段来激发受众继续观看的欲望。

4．视觉化描述

短视频脚本要用生动而具体的语言描述场景及角色的外貌和动作，有助于准确呈现所需的画面效果。

5．语言简练而生动

短视频脚本应避免使用复杂的词汇和句子结构，让信息流畅传达，以充分利用有限的时间吸引受众的注意力。

6．角色的个性和对白

短视频脚本可以使用适当的对白风格和语调展示角色之间的关系和冲突，以增加戏剧性和吸引力。

7. 节奏和节拍

撰写短视频脚本时，要根据需要调整节奏和节拍，营造出紧张、轻松或引人注目的效果。

8. 考虑配乐和音效

短视频脚本要描述所需的音效类型和背景音乐风格，以便在后期制作中添加适当的音频元素。

9. 反复修改和润色

反复审查脚本，确保逻辑连贯、语言流畅，并根据需要进行调整和改进。

1.6 利用 AI 工具撰写脚本

了解了优质脚本的撰写技巧后，下面通过几个案例介绍如何利用 AI 工具撰写不同类型的短视频脚本。

1.6.1 撰写直播间带货脚本：写作猫

直播间带货有着较强的互动性和丰富的产品信息展示方式，是目前较为火热的一种销售方式。直播间带货的脚本能够给主播和助播等相关工作人员提供指导，有助于控制时间和节奏，确保直播顺利进行，并准确传达关键信息，从而提升销售效果。本节以一款有机纯牛奶为例，讲解如何使用写作猫撰写直播间带货脚本。

步骤01 **选择 "AI 写作" 功能。** ❶在网页浏览器中打开写作猫首页（https://xiezuocat.com/），❷单击页面右上角的 ❸ 按钮，在弹出的界面中选择合适的方式进行登录。登录成功后，❸单击 "快速访问" 组中的 "AI 写作" 选项，如图 1-27 所示。

图1-27

步骤02　**输入标题并生成大纲**。在新的页面中打开一个新文档，❶页面左侧为文本编辑区域，❷右侧则为工具区域，默认显示的是 AI 写作的模板。❸在文本编辑区域的标题框中输入标题，❹在页面下方的工具栏中选择文字长度为"中"，❺单击"写大纲"按钮，如图 1-28 所示。

图1-28

步骤03　**根据大纲写内容**。稍等片刻，写作猫就会根据输入的标题自动生成一份大纲。❶将插入点放在大纲标题"一、引言"后，❷在工具栏中选择文字长度为"中"，❸单击"写内容"按钮，如图 1-29 所示。

步骤04　**查看脚本内容**。稍等片刻，写作猫就会根据第一个大纲标题生成相应的脚本内容，如图 1-30 所示。

图1-29

图1-30

> **提 示**
>
> 　　写作猫在撰写内容的同时会自动校阅文字，如发现错误，则会在页面右侧显示"提示"字样及相应的数量。用户可单击该按钮打开"校阅"窗格，查看具体的提示内容，并进行判断和修改。

步骤05　　**生成所有脚本内容并进行修改**。使用相同的方法为其余的大纲标题生成相应的内容。查看生成的脚本，❶选中需要编辑的段落或句子，❷在弹出的浮动工具栏中单击相应的编辑选项，如"改"，如图 1-31 所示。

步骤06　　**改写并替换文字**。稍等片刻，❶在浮动工具栏下方会显示改写后的文字，❷还可按需求切换改写的风格，得到满意的结果后，❸单击"替换"按钮，如图 1-32 所示，即可用改写后的文字替换所选文字。如果要在所选文字下方插入改写后的文字，则单击"插入"按钮。

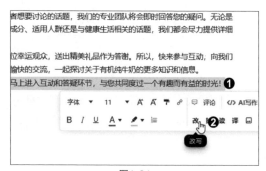

图1-31

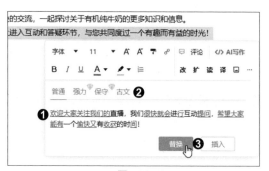

图1-32

步骤07　　**下载文档**。完成脚本内容的编辑后，❶单击页面右上角的"更多选项"按钮，❷在展开的列表中单击"下载文档"选项，如图 1-33 所示，即可将脚本以".docx"格式的文档下载到计算机中。

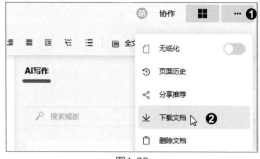

图1-33

1.6.2　撰写纪录短片的提纲：Notion AI

纪录短片的提纲能够确定主题、故事结构和信息传达方式，保持创作的方向感，帮助创作者组织素材和筹备预算。本节将讲解如何利用 Notion AI 撰写纪录短片的提纲。

步骤 01　**调用 Notion AI 的写作功能**。在浏览器中打开 Notion，❶创建一个新页面，❷在页面中默认展开的列表中单击 "Start writing with AI" 选项，如图 1-34 所示。

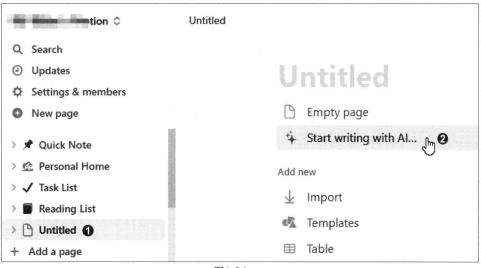

图 1-34

步骤 02　**描述需求并生成内容**。❶在文本框中输入提示词，❷然后单击右侧的 ❶ 按钮，如图 1-35 所示，让 Notion AI 撰写纪录短片的提纲。

图 1-35

步骤03　**查看生成的内容**。稍等片刻，即可看到生成的拍摄提纲，如图 1-36 和图 1-37 所示。用户可根据实际情况进一步修改生成的拍摄提纲。

图1-36

图1-37

1.6.3　撰写测评类短视频分镜脚本：CopyDone

CopyDone 是一款专注于营销领域的 AI 内容创作工具，支持生成营销文案、营销图片和营销短视频。本节将介绍如何使用 CopyDone 为一款智能插座的测评短视频撰写分镜脚本。

步骤01　**打开创作看板**。在网页浏览器中打开 CopyDone 首页（https://www.copyai.cn/），使用手机验证码或微信扫码进行登录，登录成功后自动跳转至创作看板页面。❶在该页面中单击"创作模块"中的"视频文案"选项，❷在展开的列表中单击"分镜脚本"选项，如图 1-38 所示。

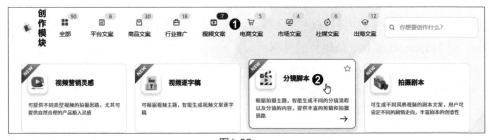

图1-38

步骤02　**输入分镜脚本的关键信息**。进入"分镜脚本"页面，❶根据实际情况设置"输出语言""营销主题 / 主体""视频类型""视频主题"，❷在页面下方设置生成数量和文案长度，❸单击"立即生成"按钮，如图 1-39 所示。

图1-39

步骤03　**查看生成的内容**。稍等片刻，CopyDone 会自动根据步骤 02 的设置在"生成文案"区域生成一份分镜脚本，❶可以看到脚本总共划分了 4 个场景，并标明了每个场景的时长、画面内容和旁白内容。若要对脚本做进一步的编辑，❷则单击右上角的"智能编辑"按钮，如图 1-40 所示。

图1-40

步骤04 **智能续写文本**。展开"智能续写"区域，❶将需要续写的文字复制、粘贴到该区域中，再将插入点放在这段文字之后，❷单击"智能续写"按钮，如图 1-41 所示。续写结果如图 1-42 所示，其可能会不够精练或存在语法错误，用户可以使用文档上方工具栏中的按钮对其进行润色、扩写、SEO 改写等优化操作。

图1-41

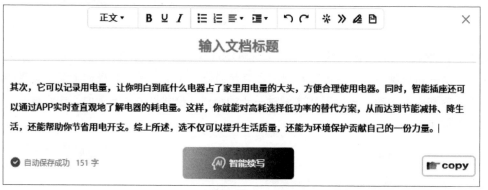

图1-42

第**2**章

素材图像的生成

在短视频制作中，常常需要使用各种图片素材来增强视觉效果、丰富视频内容。以往我们需要浏览在线图库、购买高质量图像或者自己拍摄素材，而如今则可以利用人工智能技术生成图像，这是一种全新的方式。与传统方式相比，利用 AI 工具生成图片素材不但节省了时间和金钱，还为短视频创作者带来了更多选择和灵活性。本章将介绍如何利用 AI 图像生成技术，轻松、精准且富有创意地生成各种类型的素材图像。

2.1 生成游戏场景插图：Midjourney

在制作短视频时，一个引人入胜的场景图能够为观众提供深入的沉浸感和神秘感。本节就介绍如何使用 Midjourney 快速生成神秘的游戏场景插图。Midjourney 就是架设在 Discord 频道上的一款人工智能绘画聊天机器人，只需要输入想要生成图片的关键词，它就能基于所输入的关键词自动生成四张精美的图片。

步骤01 **打开 Midjourney 页面**。打开网页浏览器，进入 Midjourney 官网页面，❶单击页面中的"Join the Beta"按钮，如图 2-1 所示。❷在打开的新页面中单击"接受邀请"按钮，根据提示注册并登录 Discord 账号，如图 2-2 所示。

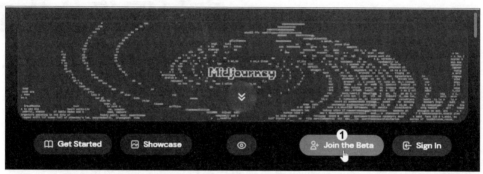

图2-1

图2-2

步骤02　**查看其他用户生成的图片。**❶单击左侧"帆船"图标，进入 Midjourney 官方服务器，此时就可以看到各种小群组。新用户只能加入"NEWCOMER ROOMS"新人房间，❷单击任意一个房间，❸进入房间后可以看到很多网友绘制的各种图片，如图 2-3 所示。

图2-3

> **提　示**
>
> 　　由于新手群人数较多，自己生成的图片很快会淹没在众多网友生成的图片中。为避免干扰，可以先在 Discord 中创建自己的服务器。单击左侧菜单栏中的"添加服务器"按钮，在弹出的对话框中单击"亲自创建"按钮，然后根据提示操作进行服务器的创建。

步骤03　**输入 /imagine 指令。**❶在 Midjourney 下方的对话框中输入 /imagine，❷然后单击上方的"/imagine（prompt）"命令，如图 2-4 所示。

图2-4

步骤04 **输入提示词**。在 prompt 后输入需要生成图片的一些描述信息 "Rabbit meets its bestfriend a little fox in a magical forest, surreal, 4k --ar 16:9"，如图 2-5 所示，按〈Enter〉键发送提示词。

图2-5

提　示

　　一个基本的 Prompt 描述信息可以是简单的一个词、短语或表情符号，也可以是文本短语与一个或多个参数的组合。表 2-1 列出一些常用参数以及相关的介绍。

表2-1

参数名	说明
--ar 或 --aspect	设置生成图像的长宽比，默认图像大小为 512 像素 ×512 像素，长宽比为 1：1，例如 --ar 16:9 是将图像长宽比设为 16：9
--no	用于添加不希望图片中出现的内容。例如，--no animals，就是指希望生成的图像中不要有动物
--quality 或 --q	图像渲染时间。默认值是 1，数值越高，消耗的时间越多，图像质量越好，反之亦然
--seed	设置随机种子，这可以使得生成的图像之间保持更稳定或可重复性，可选任何正整数。例如，--seed 100
version	用于选择使用的模型版本，默认为 V4。V4 版本生成的图像比较写实，因此有时可能需要选择之前的版本
--video	用于保存生成的初始图像的进度视频

步骤05 **自动生成图像**。等待片刻，Midjourney 会根据输入的描述信息生成四张图片，单击生成图片下方的 "V3" 按钮，如图 2-6 所示。

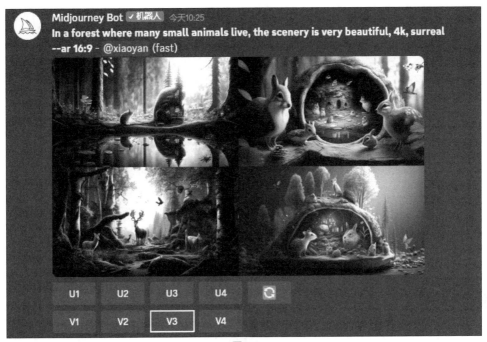

图2-6

> **提 示**
>
> 　　在生成的图片下方会出现两行按钮，按钮后面的序号分别对应四张图片。其中 V 代表变体 Variations，即以序号对应的图片作为基础，在保持整体风格和构图不变的情况下生成四张新图片；U 代表放大重绘 Upscale，即将序号对应的图片放大优化，这种优化不是简单地把图片从 512 像素放大到 1024 像素，而是相当于重新图生图，因此放大出来的图片可能会在内部细节上与原图有一些不同。

步骤06 **重新生成图像**。等待片刻，Midjourney 即以第三张图片为基础重新生成四张图像，可看到新生成的四张图像在细节上有一些微小变化，如果想要对第二张图片进行优化，单击"U2"按钮，如图 2-7 所示。

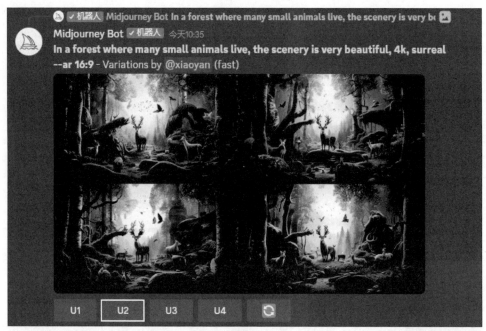

图2-7

步骤07 **放大并优化图像**。等待片刻，Midjourney 会以第二张图片为基础再次进行放大优化，得到的图片效果如图 2-8 所示。

步骤08 **查看生成的图像效果**。将一张图像放大并优化细节后，单击缩览图即可预览图像效果，可以看到生成的图片非常精美，如图 2-9 所示。此时右击图片，在弹出的快捷菜单中选择"另存为"菜单命令，即可下载并保存生成的图片。

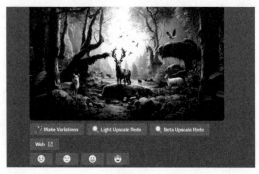

图2-8

图2-9

2.2　唯美婚礼场景图创作：Leonardo AI

婚礼短视频是记录和展示新人婚礼的精彩瞬间的一种形式。它通常由一系列精心选取的场景组成，通过场景的巧妙组合，将整个婚礼过程娓娓道来。本实例将利用 Leonardo 快速生成唯美的婚礼场景图。Leonardo 是一个利用人工智能技术创建精美图片的工具，它最大的特色在于拥有许多调教过的模型，用户可以选择使用现有的模型来生成各种艺术素材。

步骤01 **打开 Leonardo 页面**。打开网页浏览器，进入 Leonardo 官网页面（https://app.leonardo.ai）。在"Home"页面可以看到很多调教过的模型，❶首先单击右侧的➡或⬅按钮，切换并预览模型效果，❷单击选择一个自己喜欢的模型，如图 2-10 所示。要注意的是，Leonardo 需要注册登录后才能使用它来创作自己的作品。

图2-10

步骤02 **选择模型开始创作**。在打开的页面中会显示该模型的简介以及使用此模型绘制而成的作品，单击下方的"Generate with this Model"按钮，使用模型创建自己的作品，如图 2-11 所示。

图2-11

步骤03 **选择图像尺寸**。打开新的页面，单击页面左侧的长宽比下拉按钮，❶在展开的下拉列表中选择"16:9"，如图 2-12 所示，❷然后将图像宽度设为 1280 px，高度设为 720 px，如图 2-13 所示。

图2-12

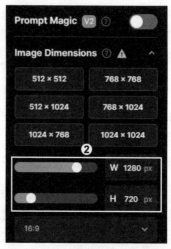
图2-13

步骤04 **输入提示词**。❶在页面上方的文本框输入需要生成图像的提示词"The wedding photos showcase exquisitely arranged dining tables that exude elegance and delicacy. Each table is adorned with meticulously designed flower vases and refined tableware"，❷单击右侧的"Generate"按钮，如图 2-14 所示。

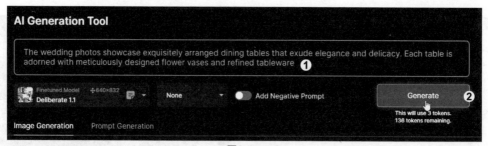
图2-14

步骤05 **生成图像**。等待片刻，Leonardo 即可根据输入的提示词生成图片，Leonardo 预设为一次生成两张图片，如图 2-15 所示。

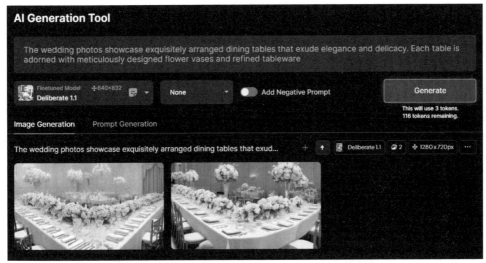

图2-15

步骤06 **输入主题提示词**。如果不知道如何写提示词，也可以让 Leonardo 帮忙写提示词。❶单击"Prompt Generation"标签，❷在下方文本框中输入生成图片的主题"wedding"，❸然后在"Number of Prompts to Generate"下方指定要产生的提示词数量，❹单击右侧的"Ideate"按钮，如图 2-16 所示。

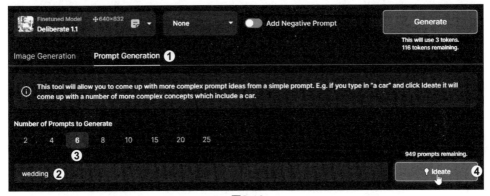

图2-16

步骤07 **自动完善提示词**。Leonardo 根据输入的主题以及指定的提示词数写出多个不同的提示词，选择一个提示词，单击右侧的"Generate"按钮，如图 2-17 所示。

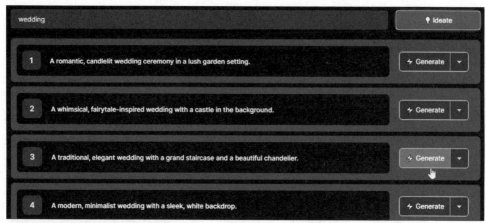

图2-17

步骤08 **重新生成图像**。等待片刻，Leonardo 即可根据所选的提示词生成图片，生成的图片效果如图 2-18 所示。

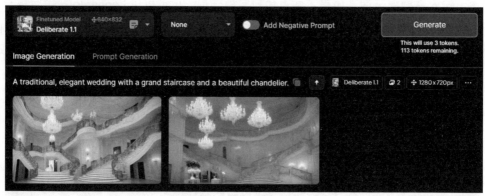

图2-18

提 示

　　观察生成的图像，如果图像出现了多余的内容或是扭曲变形的情况，可以单击"Negative Prompt"按钮，开启否定词条，然后在上方的文本框中输入不希望图像中出现的内容，单击"Generate"按钮，重新生成图像即可。

2.3　一键自动生成产品图：Vega AI

本实例将利用 Vega AI 快速生成视频中需要的产品展示图。Vega AI 是一款免费使用的 AI 绘画工具，它提供了多个模型，例如，3D 二次元、真实影像、虚拟建模、二次元模型、写真，以满足不同的图片生成需求。

步骤01　**打开 Vega AI 并选择图像风格。** 打开网页浏览器，进入 Vega VI 创作平台（https://rightbrain.art），❶单击页面左侧的"风格广场"，在风格广场中提供了非常多的风格，❷单击"设计"标签，❸然后在下方选择一种图像风格，如图 2-19 所示。

图2-19

步骤02　**应用所选风格。** 弹出风格收藏与应用对话框，单击对话框中的"应用"按钮，如图 2-20 所示。

图2-20

步骤03 **查看并刷新提示词**。❶自动跳转至"文生图"页面，在提示词输入框上方会随机显示一条简单的提示词，❷单击◎按钮，可以刷新提示词，如图 2-21 所示。

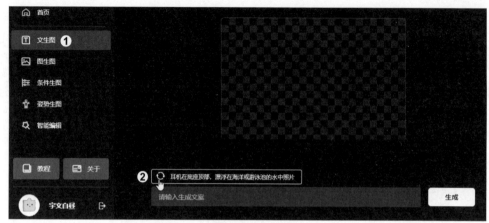

图2-21

步骤04 **使用 Vega AI 预设的提示词**。如果想要使用 Vega AI 提供的提示词，❶直接单击文本框上的提示词，如图 2-22 所示，❷此时该提示词会被添加至下方的文本框中，如图 2-23 所示。

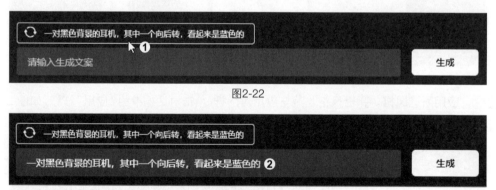

图2-22

图2-23

步骤05 **手动输入或修改提示词**。如果需要修改或重新输入提示词，将光标置于文本框内，然后根据要生成的产品图像输入提示词"头戴式耳机，耳机外壳采用高质量的金属材料，呈现出光泽的金属质感，耳罩部分采用柔软的皮革材料"，如图 2-24 所示。

图2-24

步骤06　**设置风格强度和图片尺寸**。输入提示词后，接下来可在右侧设置并选择风格。这里直接应用步骤 01 所选的风格，❶拖动下方的 "风格强度" 滑块，设置所选的风格对生成图像的影响大小，如图 2-25 所示，❷然后单击 "图片尺寸" 下拉按钮，❸在展开的下拉列表中选择 "宽度 (912×512)[16:9]"，如图 2-26 所示。

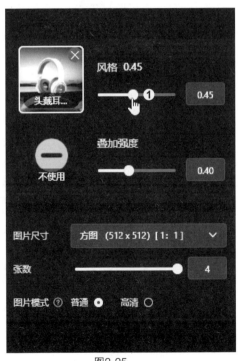

图2-25　　　　　　　　　　　　　　　　　　图2-26

步骤07　**生成产品图**。❶单击页面下方的 "生成" 按钮，如图 2-27 所示。❷等待片刻，Vega AI 就会根据输入的提示词和设置的选项生成产品图，如图 2-28 所示。

图2-27

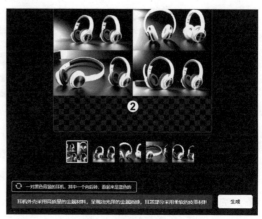
图2-28

步骤08 **查看并下载图像。**❶单击图像预览框下方的产品缩览图，如图 2-29 所示，❷查看图像效果，❸单击图像右侧的 ⬇ 按钮，即可下载并保存生成的产品图，如图 2-30 所示。

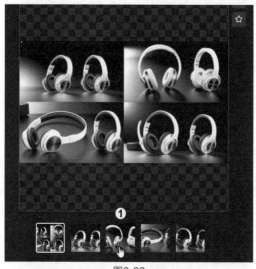
图2-29

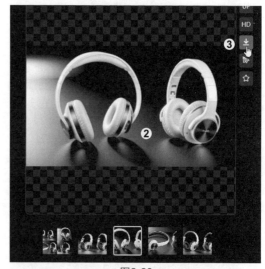
图2-30

提 示

　　生成图像之后，如果觉得图像不够完美，可以单击图像右侧的 **HD** 按钮，得到优化高清的图像效果；也可以单击 ▧ 按钮，将生成的图像发送到"图生图"页面再进行生成和编辑。

2.4　制作可爱的 3D 卡通角色：Deep Dream Generator

　　一些短视频创作者喜欢使用可爱的 3D 卡通角色来吸引观众的关注和喜爱。这些卡通角色这些角色表情夸张、动作生动，能有效传达短视频的情感和主题。本节将利用 Deep Dream Generator 生成可爱的 3D 卡通角色。Deep Dream Generator 是一款基于谷歌 DeepDream 算法的在线绘画工具，用户只需要输入文字描述或上传一张图片，即可生成新的图片。

步骤01　**打开 Deep Dream Generator 页面。**打开网页浏览器，进入 Deep Dream Generator 官网页面（https://deepdreamgenerator.com），单击页面中的"Generate"按钮，如图 2-31 所示。

图2-31

步骤02　**输入提示词。**进入图像创作页面，❶在"Text Prompt"文本框中输入需要生成图片的描述性文字"cute tiny white hyperrealistic girl with a smile, chibi, charming and fluffy, logo design, cartoon, cinematic light effect, charming, 3D vector graphics"，❷然后单击"Base image(optional)"按钮，如图 2-32 所示。

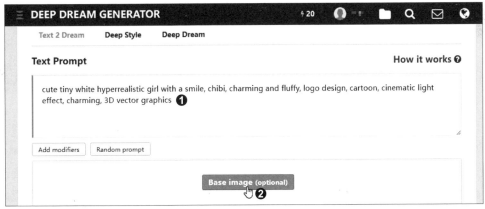

图2-32

步骤 03 **选择参考图**。弹出"Files"对话框,❶单击对话框左上角的"Upload files"按钮,如图 2-33 所示。弹出"打开"对话框中,❷在此对话框中选择一张素材图像作为参考图,❸然后单击"打开"按钮,如图 2-34 所示。

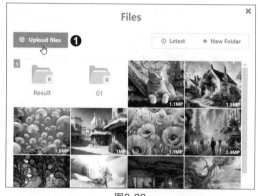

图2-33

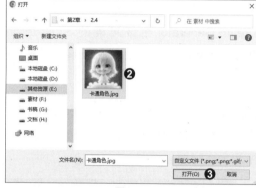

图2-34

步骤 04 **选中上传完成的图像**。上传图像,❶在"Files"对话框上方会显示图像上传进度,如图 2-35 所示。❷上传完成后,单击刚刚上传的图像,如图 2-36 所示。

图2-35

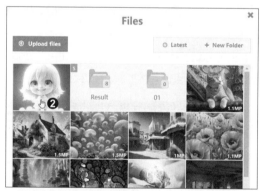

图2-36

步骤 05 **设置各项参数**。返回 Deep Dream Generator 页面,❶在"AI Model"下拉列表中选择"Fusion"选项,设置基于训练的 AI 模型;❷在"Aspect Ratio"下拉列表中选择"Portrait"选项,设置图片长宽比;❸单击"Face Enhance"右侧的"Normal"单选按钮,启用面部增强,纠正各种伪像和错位;❹单击"Upscale&Enhance"选项右侧的"1MP"按钮,提高生成图像的分辨率,设置完成后,❺单击"Generate"按钮,如图 2-37 所示。

步骤06　**查看生成效果**。等待片刻，Deep Dream Generator 即可根据输入的描述词以及设置的参数，生成相应的图片，效果如图 2-38 所示。

图2-37　　　　　　　　　　　　　　　　　图2-38

提 示

　　Deep Dream Generator 提供了 Text 2 Dream、Deep Style 和 Deep Dream 3 种生成图像的方式，本节使用的是默认的 Text 2 Dream 文生图的创作方式。如果选择"Deep Style"创作方式，用户需要选择一张素材图像，然后指定要转换的图像风格，Deep Dream Generator 就能根据图像风格转换素材图像的整体风格；如果选择"Deep Dream"创作方式，当用户选择一张基础图像后，Deep Dream Generator 就能通过神经网络算法自动生成新图。

2.5　栩栩如生的图像创作：NightCafe AI

　　在短视频平台上，有很多与动物相关的视频，比如鸟儿在枝头唱歌、猫咪卖萌、狗狗做出的滑稽表情等等。这些视频很容易吸引人们的关注和喜爱。本节将使用 NightCafe 为动物主题的视频生成图像素材，展示一只鸟儿站在枝头唱歌的情景。NightCafe 是一款人工智能艺术生成器，拥有比其他生成器更多的算法和选项，用户只需选择想要生成的图像风格，并输入一段描述文字，就能轻松生成高质量的图像。

步骤01 **打开 NightCafe 页面。** 打开网页浏览器，进入 NightCafe 官网页面（https://creator. nightcafe.studio），❶在"Choose a style"下方默认选中 NightCafe，❷这里直接单击"CREATE" 按钮，如图 2-39 所示。

图2-39

步骤02 **选择模型并输入提示词。** 进入图像创作页面，❶单击"Model"下拉按钮，在展开 的下拉列表中选择"Stable Diffusion V2.1"模型，如图 2-40 所示。❷然后在"Your text prompt"文本框中输入提示词"Create an image that captures the little birdie perched on a tree branch, singing with its beak wide open. Surround the bird with vibrant, colorful flowers and leaves to emphasize the joyous atmosphere"，如图 2-41 所示。

图2-40　　　　　　　　　　　　　　　　　　图2-41

步骤03 **选择图像风格**。单击 STYLE 风格按钮，在右侧展开的界面中选择一种要生成的图像风格，这里选择"Photo"风格，如图 2-42 所示。

图2-42

步骤04 **设置更多参数**。❶单击"More Settings"按钮，展开更多设置选项，❷勾选 Output Resolution 下方的"Low Res"单选按钮，更改图像的输出分辨率，❸然后勾选 Aspect Ratio 下方的"Mobile Vertical（9:16）"单选按钮，更改图像的长宽比，❹设置完成后单击"CREATE"按钮，如图 2-43 所示。

图2-43

步骤 05 **生成图像效果。** 等待一会儿，Night-Cafe 就会根据输入的关键词以及选择的风格自动生成四张图像，如图 2-44 所示。

步骤 06 **下载生成的图像。** ❶单击任意生成图像的缩略图，❷然后将鼠标指针移到图像上方，单击🔽按钮，如图 2-45 所示，❸在弹出的菜单中选择 "Download image" 选项，即可直接下载生成的图像，如图 2-46 所示。

图2-44

图2-45

图2-46

2.6　生成诱人的美食图片：Playground AI

美食类短视频在社交媒体平台上非常受欢迎。这类短视频通常以精美的画面、诱人的食材和清晰的步骤展示方式来吸引观众的眼球。本实例将借助 Playground AI 生成令人惊艳的素材图像。Playground AI 是谷歌推出的一款图像生成器，提供了多种不同的主题和风格，用户可以根据自己的喜好和需求，选择合适的主题和风格，然后输入描述文字，快速生成图像。

步骤01 **打开 Playground AI 页面**。打开网页浏览器，进入 Playground AI 官网页面（https://playgroundai.com），单击页面中的"Get Started"按钮，如图 2-47 所示。

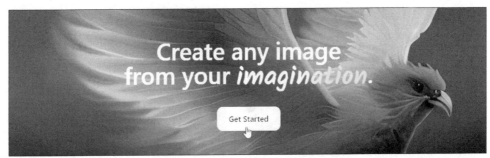

图2-47

步骤02 **选择生成图像风格**。初次使用会提示用户登录，可以使用已有的 Google 账户登录。登录成功即可进入 Playground AI 操作页面，❶在页面左侧单击"Filter"选项下方的下拉按钮，❷在展开的面板中选择合适的图像风格，这里单击选择"Delicate detail"风格，如图 2-48 所示。

图2-48

步骤03 **输入提示词**。选定图像风格后，❶在"Prompt"下方的文本框中输入提示词"Oranges falling into water, floating ice cubes, liquids splashing radially, yellow-green background, intricate details, highly detailed.creative food photography"，如图 2-49 所示。❷单击"Exclude From Image"右侧的按钮，开启否定词条，❸然后文本框中输入否定词"Multiple, low resolution, distorted, blurry, out of frame, cropped, disproportionate"，指定不希望在图像中出现的元素，如图 2-50 所示。

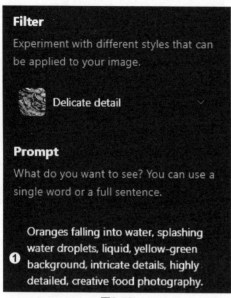

图2-49

图2-50

步骤04 选择模型并设置图像大小。❶单击"Model"下方的下拉按钮，在展开的下拉列表中选择一种模型，如图 2-51 所示。Playground AI 提供了"Playground v1""Stable Diffusion 1.5""Stable Diffusion 2.1"和"DALL·E2"4 种模型，除了"DALL·E2"模型，另外 3 种模型都是免费的，❷接下来在"Image Dimensions"下方指定生成的图像大小为"768×512"，如图 2-52 所示。

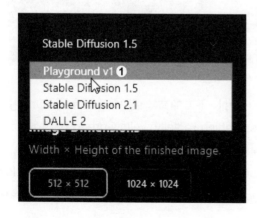

图2-51

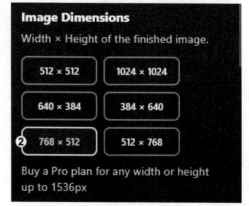

图2-52

步骤05　**设置更多选项。**❶拖动"Prompt Guidance"下方的滑块至 9 的位置，设置提示词在生成图像中的作用强度，❷拖动"Quality&Details"下方的滑块至 49 的位置，设置生成的图像质量和细节，如图 2-53 所示。❸单击"Number of Images"下方的选项"4"，设置生成图像的数量，如图 2-54 所示。

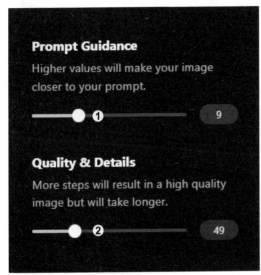

图2-53

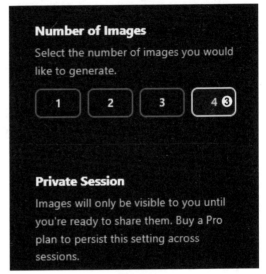

图2-54

> **提　示**
>
> 　　设置"Prompt Guidance"参数值时，设置的数值越大越接近提示词描述的样子，越小则相反。需要注意的是，虽然较高的参数值会使生成的图像与提示词更相符，但有可能以牺牲美观为代价，因此官方建议使用 7 ～ 10 之间的参数值。设置"Quality&Details"参数时，设置的数值越大生成的图像质量越高，但需要更长的时间，当数值超过 50 则需要付费。

步骤06　**生成图像效果。**设置完成后，❶单击"Generate"按钮，等待片刻，❷ Playground AI 即可根据输入的提示词和设置的各选项生成四张图像，如图 2-55 所示。

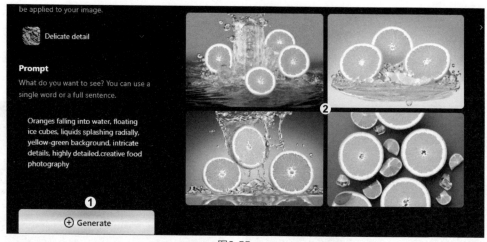

图2-55

步骤07 **上传图像。** Playground AI 不但支持文生图，也支持图生图。❶单击"Image to Image"下方的 ▣ 按钮，如图 2-56 所示，❷在弹出的"打开"对话框中选择一张图像，❸然后单击"打开"按钮，上传图像，如图 2-57 所示。

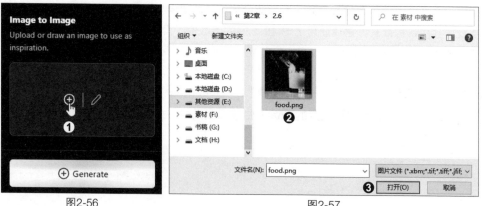

图2-56   图2-57

步骤08　**生成图像效果。**❶拖动图像下方的"Image strength"滑块，设置生成的图像与原图的相似度，数值越大，生成的图像越接近原图，❷设置后单击"Generate"按钮，等待片刻，❸ Playground AI 即以上传的图像为蓝本生成四张相似的图像，如图 2-58 所示。

图2-58

> **提　示**
>
> 　　如果想要快速提升自己的 AI 作图水平，最简单的方法就是借用现成的提示词。在 Playground AI 主页有很多优秀的图片，单击任意一张自己喜欢的图片，在打开的页面中单击"Copy Prompt"按钮，再单击"Remix"按钮，复制提示词，此时单击"Generate"按钮即可快速生成图片。

2.7　虚拟人物的制作：美图 AI 文生图

　　为了降低制作成本并保护隐私，有些视频创作者会在视频中使用虚拟人物。这些虚拟人物在视频中扮演不同的角色，如主持人、老师、讲解员等。本实例将利用美图设计室推出的"AI 文生图"功能生成外形靓丽的虚拟人物。相对于其他的图像生成器，美图设计室推出的"AI 文生图"不但完全免费，而且对中文用户非常友好，用户只要将想象画面的关键词以逗号隔开输入，它就能根据描述文字生成相应的图像。

步骤01 **打开美图设计室页面。**打开网页浏览器，进入美图设计室官网首页（https://design. meitu.com），单击页面中的"AI 文生图"按钮，如图 2-59 所示。

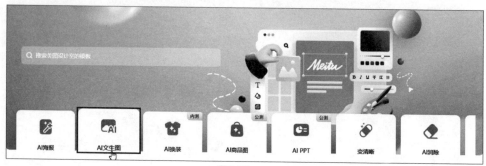

图2-59

步骤02 **输入描述文字并选择模型。**打开"美图 AI 创作工具"页面，❶在页面中的"创意描述"文本框中输入描述文字，❷然后单击"模型"，如图 2-60 所示。弹出"模型"对话框，❸在对话框中选择"写实真人"模型，如图 2-61 所示。

图2-60

图2-61

步骤03　**设置画面尺寸和数量。**选择模型后，❶在"参数设定"区域选择图像长宽比为"9:16"，❷设置图像尺寸大小为"720×1280"，❸设置"生成张数"为 1，❹单击"立即生成"按钮，如图 2-62 所示。等待片刻，即可根据设置自动生成图像，如图 2-63 所示。

图2-62

图2-63

第**3**章

图像的智能编辑

　　随着人工智能技术的不断进步和发展，市面上涌现了许多在线 AI 修图工具。这些工具使修图变得简单易行，无须掌握专业的 Photoshop 技能或美术背景。在线 AI 修图工具利用智能识别技术，智能化处理和编辑图像中的人物、背景等元素。无论是调整光线、色彩，还是修复瑕疵、抠图换背景等，都可以轻松实现。本章将介绍如何运用在线 AI 修图工具进行图像智能化编辑。

3.1　扩展画面，竖图秒变横图：Leonardo AI

拍摄短视频素材时，用户要根据不同的场景、不同的拍摄主体选择相应的画幅。常见的短视频可以分为横画幅、竖画幅、方画幅三种类型。本节将介绍使用 Leonardo 的 AI Canvas(Beta) 功能扩展画面，将竖画幅的图像转换为横画幅效果。

步骤01　**打开并进入编辑页面**。打开浏览器，进入 Leonardo 官网页面（https://app.leonardo. ai）。❶单击页面左侧的"AI Canvas"菜单，如图 3-1 所示，进入编辑页面，❷单击页面左侧的图片按钮，❸在展开的菜单中单击"From a computer"选项，如图 3-2 所示，选择从本地计算机上传图片。

图3-1

图3-2

步骤02　**选择并打开图像**。弹出"打开"对话框，❶在对话框中选择需要处理的图片，❷单击"打开"按钮，如图 3-3 所示。上传图片后，❸在图像上会显示一个用于控制绘图区域的画框，可以通过单击右上角的缩放按钮或滑动鼠标滑轮来调整画面大小，如图 3-4 所示。

图3-3

图3-4

步骤 03　**调整画框大小和位置。**❶拖动右侧工具栏中"H"滑块，将画框高度调整至与图片高度一致，❷再拖动"W"滑块，适当增加画框宽度，❸然后将调整后的画框移到图片外，指定要延展的画面区域，如图 3-5 所示。

图3-5

步骤 04　**输入提示词。**❶在图片下方的文本框中输入提示词"Flowers, green leaves, blurred background with a depth-of-field effect"，描述要扩展的画面内容，❷然后单击"Generate"按钮，如图 3-6 所示。

图3-6

步骤 05　**添加扩展图像。**等待片刻，❶可以看到画框中出现扩展的画面内容，❷单击图片下方的 ➡ 按钮，如图 3-7 所示，查看更多扩展的画面内容，从中挑选一张画面效果与原图更为匹配的图像，❸单击"Accept"按钮，如图 3-8 所示。

图3-7

图3-8

> **提 示**
>
> 扩展图像时，如果对生成的四张图像都不满意，可以单击"Cancel"按钮，再单击"Generate"按钮，重新生成图像，直到满意为止。不过需要注意的是，每生成一张图像都会扣掉相应的平台代币（token）。

步骤06 **移动画框并添加扩展图像**。按照以上步骤，❶将画框移到原图右侧，❷单击"Generate"按钮，如图 3-9 所示。❸在右侧画框中扩展画面内容，如图 3-10 所示。

图3-9

图3-10

步骤07 **选择并应用扩展效果**。❶单击图片下方的 → 按钮，从中生成的图片中挑选一张与原图更匹配的效果后，如图 3-11 所示，❷然后单击"Accept"按钮，应用扩展的画面效果，如图 3-12 所示。扩展画面后，可以通过单击页面左侧的 ⬇ 按钮，下载并保存编辑后的图像。

图3-11

图3-12

3.2 删除多余图像内容：Cleanup

在短视频的制作过程中，可能会遇到所用图片素材中有一些多余画面内容的情况。本节将介绍如何使用 Cleanup 工具快速去除画面中多余的图像内容。Cleanup 是 Clipdrop 推出一款 AI 智能修图工具。该工具操作比较简单，只需要上传图像并使用画笔在图像上涂抹，就能智能移除图像中的物体、文本、污迹以及其他任何不想要的内容。

步骤01 **选择 Cleanup 工具**。打开浏览器，进入 Clipdrop 官网首页（https://clipdrop.co）。在页面下方可以看到 Clipdrop 中包含的多个工具，单击其中的 Cleanup 工具，如图 3-13 所示。

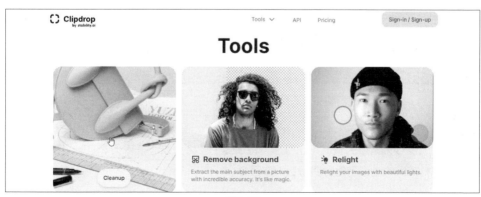
图3-13

步骤02 **选择并上传素材图像。**❶在打开的新页面中单击中间的虚线框区域，如图 3-14 所示。弹出"打开"对话框，❷选中需要处理的素材图像，❸然后单击"打开"按钮，如图 3-15 所示。

图3-14　　　　　　　　　　　　　　　　图3-15

步骤03 **缩放图像至合适大小。**进入图像编辑页面，❶单击"Move"按钮，❷向右拖动"Zoom"滑块，将图像放大显示，❸然后将鼠标指针移到需要处理的位置，如图 3-16 所示。

图3-16

提 示

　　免费版本的 Clipdrop 只支持 SD 画质，即上传的图像最高分辨率为 2048×1143，如果想要上传更高分辨率的图像则需付费解锁 HD 画质。

步骤04 **涂抹需要清除的杂物**。❶单击"Select"按钮，❷向左拖动"Brush size"，调整笔刷大小，❸使用鼠标涂抹图像中需要清除的内容，❹单击"Clean"按钮，如图 3-17 所示。

图3-17

步骤05 **去除多余的内容**。等待片刻，Clipdrop 就会利用 AI 算法功能自动清除涂抹的部分，并且会依照画面中的原有内容自动进行修补，如图 3-18 所示。

图3-18

步骤06 **重复操作去除更多杂物**。按照以上步骤，拖动调整画面显示的区域，然后用画笔涂抹图像上其他需要删除的内容，去掉更多不需要的画面内容，得到如图 3-19 所示的图像效果。单击右上角的 按钮，即可下载并保存编辑后的图像。

图3-19

提 示

　　利用 Clipdrop 修图工具编辑过的图片，免费基本输出最高分辨率为 720×479，如果对视频素材要求不高，这个分辨率也基本够用，如果想要获得更高质量的图像，则需要充值付费。另外，充值付费后，在去除图像中的杂物时，还可以单击"High quality"右侧的按钮，开启高质量模式，获得更好的处理结果。

3.3　一键抠图去背景：Remove Backgrounds

　　抠图在网店商品图像处理中非常常见。抠图是将商品图像从原始背景中分离，使其以透明或统一的背景呈现，这样不但可以消除干扰，使商品图像更加突出，更能提高商品的视觉吸引力。本节将介绍如何使用 Remove Backgrounds 工具快速抠图去背景。Remove Backgrounds 是 Clipdrop 推出的一款 AI 智能抠图工具，只需要上传自己的图像，该工具就能一键抠取图像中的主体对象。

步骤01　**打开 ClipDrop 页面**。打开浏览器，进入 Clipdrop 官网首页（https://clipdrop.co）。在页面下方可以看到 Clipdrop 中包含的多个工具，单击选取其中的 Remove Backgrounds 工具，如图 3-20 所示。

图3-20

步骤02　**选择并上传素材图像**。❶在打开的页面中单击中间的虚线框区域，如图 3-21 所示。弹出"打开"对话框，❷选中需要处理的素材图像，❸然后单击"打开"按钮，如图 3-22 所示。

图3-21

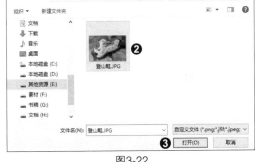

图3-22

步骤03　**打开并抠取图像**。❶弹出提示对话框，单击对话框中的"Downscale&Continue"按钮，如图 3-23 所示，缩小并继续打开图像，❷打开图像后，Clipdrop 会自动抠取图像并去除原图背景，❸直接单击"Download"按钮下载即可，如图 3-24 所示。

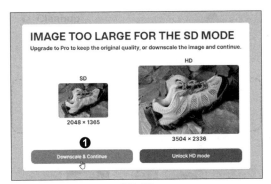

图3-23

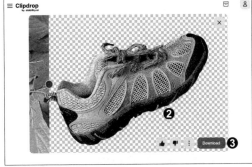

图3-24

3.4　生成高质量的商品主图：Flair AI

　　制作商品主图时，通常需要先抠图，然后选择合适的背景图，再通过调整色彩、添加阴影等使商品图像与背景融合，具体操作尤为烦琐。本节介绍使用 Flair AI 工具快速完成商品图的抠图和背景更换。Flair AI 是一个基于 AI 技术的电商图像生成与处理工具。用户只需上传一张商品图片，Flair AI 就能迅速抠取图片中的商品，并根据设置的描述词为商品添加美观的背景图，提高出图效率，减少烦琐的抠图和图像合成操作。

步骤01　**打开 Flair AI 页面**。打开网页浏览器，进入 Flair AI 官网首页（https://app.flair.ai），单击页面中的"Create New Project"按钮，如图 3-25 所示。

图3-25

步骤02　**上传产品图**。进入创建新项目页面，❶单击页面左侧的"Assets"按钮，在"Assets"页面中可以看到 flair.ai 自带的产品图，❷单击图像上方的"Upload Product Photo"按钮，如图 3-26 所示。❸在弹出的"打开"对话框中选择一张待处理的产品图片，❹然后单击"打开"按钮，如图 3-27 所示。

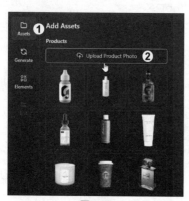

图3-26

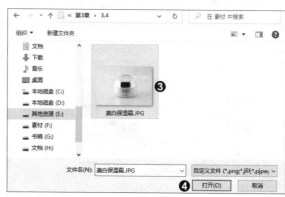

图3-27

步骤03　**移去背景并输入产品名称**。上传产品图片后，弹出如图 3-28 所示的对话框，第一步询问是否要移除原图背景，❶ 单击"Remove"按钮，移除原图背景。❷ 接下来为新上传的产品图片输入名称，用词尽量简洁，1 ～ 2 个单词描述即可，❸ 输入后单击"Done"按钮，如图 3-29 所示。

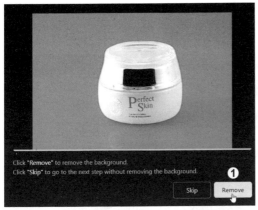

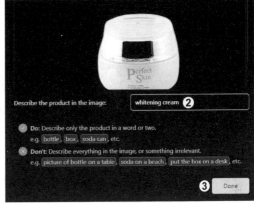

图3-28　　　　　　　　　　　　　　　　　　图3-29

步骤04　**选择关键词模板**。跳转至"Generate"页面，页面左上方部分为"关键词描述"，关键词描述的第一个单词就是上一步中输入的产品名称。这里可以直接使用模板，❶ 在 Templates 选项卡下单击选择一个合适的模板，❷ 单击"Generate"按钮，如图 3-30 所示。

步骤05　**生成产品图效果**。等待片刻，即可根据所选模板生成新的图片效果，如图 3-31 所示。

图3-30　　　　　　　　　　　　　　　　　图3-31

步骤06 **编辑描述关键词**。如果对使用模板中的关键词生成的图像效果不是很满意，❶也可以切换至 "Editor" 选项卡，进入关键词编辑页面，❷在 "Placement" 下方设置产品的放置位置，❸在 "Backgound" 下方设置产品的背景元素，设置完成后，❹单击 "Generate" 按钮，如图 3-32 所示。

步骤07 **生成产品图效果**。等待片刻，Flair AI 即根据设置的描述关键词重新生成产品图，如图 3-33 所示。

图3-32

图3-33

3.5 一键去除图片中的水印：佐糖

在视频制作过程中，有时需要使用一些网络素材图，但这些图片可能带有水印，不够美观。为了确保最终的视频呈现出整洁、干净的效果，本节将介绍使用佐糖去除图片素材上的水印。佐糖是一个免费的智能 AI 图像处理平台。用户只需上传要去除水印的图像，通过涂抹或使用框选、套索工具进行框选后，即可智能去除水印。如果需要批量去除多张图片上的水印，则可以安装客户端后进行相应操作。

步骤01 **选择 "在线去水印"**。打开网页浏览器，进入佐糖官网首页（https://picwish.cn），❶单击页面上方的 "免费工具"，❷在展开的菜单中单击 "在线去水印" 功能，如图 3-34 所示。

图3-34

步骤 02　**上传素材图像。**❶在打开的页面中单击"上传图片"按钮，如图 3-35 所示。弹出"打开"对话框，❷选中需要去除水印的素材图像，❸单击"打开"按钮，如图 3-36 所示。

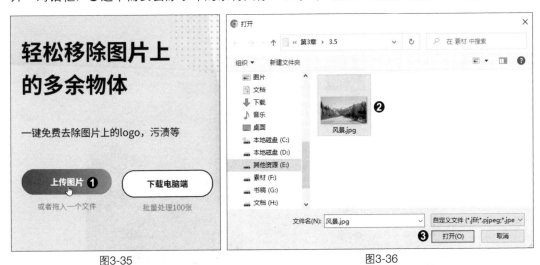

图3-35　　　　　　　　　　　　　　　　　　　　　图3-36

步骤 03　**使用笔刷涂抹水印。**上传成功后，❶在打开的页面中向左拖动"笔刷大小"滑块，调整笔刷大小，❷然后在图像右下角的水印位置涂抹，❸单击"开始去除"按钮，如图 3-37 所示。

图3-37

步骤04 **去除水印效果**。等待片刻，❶可看到图像右下角的水印已被去除，❷单击右上角的"下载图片"按钮，下载图片即可，如图 3-38 所示。

图3-38

3.6　一键无损放大图像：Nero Image Upscaler

当视频中所用的图片素材分辨率太低，画面就会不清晰，从而影响用户的观看体验。本节将介绍使用 Nero Image Upscaler 在不降低质量的情况下快速放大图像，提高图像分辨率。Nero AI Image Upscaler 是一款由 Nero 软件公司开发的基于人工智能的在线修图工具，可以将图像放大至 400%，并且能够处理噪点和压缩伪影，得到更清晰的图像效果。

步骤01　**上传素材图像。**打开网页浏览器，进入 Image Upscaler 官网首页（https://ai.nero.com/image-upscaler），❶单击页面左侧的"＋"号图标，如图 3-39 所示。弹出"打开"对话框，❷在对话框中选择一张需要放大处理的素材图像，❸然后单击"打开"按钮，如图 3-40 所示。

图3-39

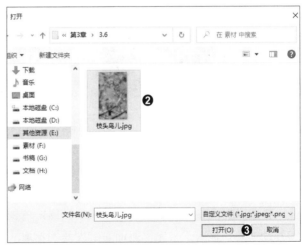

图3-40

步骤02　**选择开始放大图像。**打开 Image Upscaler Online 页面，❶在页面左侧会显示上传的原图效果，❷单击右侧的"开始图像放大"按钮，如图 3-41 所示。

图3-41

步骤03 **放大图像效果**。等待片刻，❶ Nero AI Image Upscaler 即可将图像放大至 300%，并通过对比视图方式显示放大前和放大后的对比效果，❷ 单击右侧的"下载"按钮，可下载放大后的高分辨率图像，如图 3-42 所示。

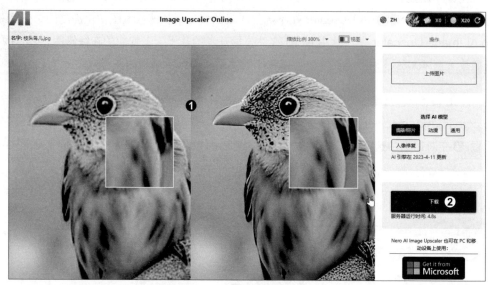

图3-42

3.7 智能抠取人物图像：Slazzer

将虚拟的人物角色抠取出来并放到拍摄好的视频画面中，可以创造出独特的视觉效果和互动体验。但对于人像抠图而言，发丝的抠取一直都是一个难点。本节就介绍如何使用 Slazzer 快速抠取人物图像。Slazzer 是一款强大的在线 AI 抠图工具，只需要将图像上传至 Slazzer，它就能自动识别背景并将主体对象抠取出来。此外，使用 Slazzer 抠取的图像，还可以再对它进行编辑，为图像添加新的背景或是对边缘 AI 判断错误的地方重新进行修改，得到更精准的抠图效果。

步骤01 **上传素材图像**。打开网页浏览器，进入 Slazzer 首页（https://www.slazzer.com），❶ 单击页面右侧的"Upload Image"按钮，如图 3-43 所示。弹出"打开"对话框，❷ 在对话框中选择一张待处理的素材图像，❸ 单击"打开"按钮，如图 3-44 所示。

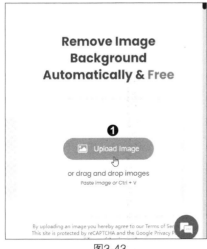

图3-43　　　　　　　　　　　　　　　　　　图3-44

步骤02 **查看抠取效果**。❶上传成功后，便可预览已经去除背景后的图片，如果觉得比较满意，❷可以直接单击"Download"下载图像，如图 3-45 所示。如果想要获取更高质量的图像效果，则需要注册并购买相应的积分。

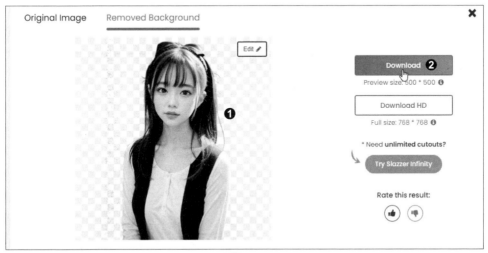

图3-45

步骤03 **编辑抠取图像**。若是遇到没有处理得很干净的情况，❶可以单击抠取图像右上方的"Edit"按钮，❷在弹出的菜单中选择"Edit preview"选项，如图 3-46 所示。

图3-46

步骤04　**编辑抠取区域**。启用在线编辑功能，❶在弹出的对话框中单击左侧的"Paint/Erase"标签，展开选项卡，❷再单击"Restrore"标签，❸拖动"Brush Size"滑块，调整笔刷大小，❹单击图像上的⊕图标，放大显示图像，❺然后在需要恢复的图像位置涂抹，如图 3-47 所示。

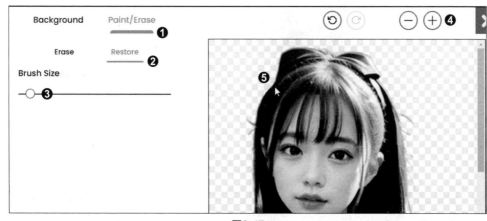

图3-47

步骤 05　**擦除多余图像**。如果需要进一步擦除未处理干净的图像，❶单击"Erase"标签，❷拖动"Eraser Size"滑块，调整橡皮擦大小，❸在需要擦除的图像区域涂抹，如图 3-48 所示。

图3-48

步骤 06　**为图像添加背景**。接下来为抠取后的图像添加新的背景。❶单击左上角的"Background"标签，展开选项卡，❷单击⊖按钮，缩小显示图像，❸然后在"Select Image"下方选择一张喜欢的背景图像，❹在"Blur"下方单击选择一种景深效果，设置后在对话框右侧可预览添加背景后的图像效果，❺单击"Download"按钮，可以下载编辑后的图像，如图 3-49 所示。

> **提　示**
>
> 　　如果"Select Image"下方没有合适的图像，也可以单击⬆按钮，上传一张自己准备好的图像，在线进行图像合成。

图3-49

第4章

音乐与拟人音频创作

完整的短视频，不仅需要精彩的画面，还需要动听的声音相伴。视频中的声音包括背景音乐、配音、旁白或对话等多种形式。背景音乐能塑造出特定的氛围和情感，配音、旁白或对话则有助于解释、描绘或推动故事情节的发展。选择合适的音频能够提升短视频的表现力和感染力，使观众更投入于视听享受中。本章将介绍如何利用 AI 音频生成技术快速为短视频创作出合适的背景音乐和配音文件。

4.1 生成原创视频音乐：ecrett music

音乐在短视频中扮演着重要的角色，能够增强视觉内容的情感表达、节奏感和吸引力，营造沉浸式观看氛围。本节将利用 ecrett music 生成原创背景音乐。ecrett music 是一款基于人工智能技术的音乐作曲工具。使用 ecrett music 进行创作时，只需要从场景、情绪和类型中选择一个或多个选项，就能自动生成音乐。

步骤01 **打开 ecrett music 页面。**打开网页浏览器，进入 ecrett music 官网首页（https://ecrettmusic.com），单击页面中的"CREATE MUSIC"按钮，如图 4-1 所示。

图4-1

步骤02 **选择生成音频的场景、情绪和流派。**进入音乐创作页面，❶首先在"SCENE"下方选择音乐的应用场景"Lifestyle"，❷然后在"MOOD"下方选择音乐表达的情绪"Happy"，❸接着在"GENRE"下方选择流派"Hip Hop"，如图 4-2 所示。

图4-2

步骤03　**设置音乐时长**。❶单击时长下拉按钮，❷在展开的下拉列表中选择音乐时长，❸然后单击"CREATE MUSIC"按钮，如图 4-3 所示。

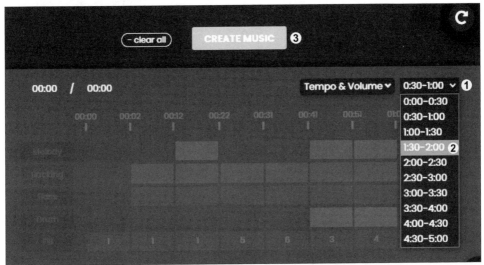

图4-3

步骤04　**生成音乐**。等待片刻，ecrett music 根据设置自动生成音乐，如图 4-4 所示。

图4-4

步骤05　**编辑生成的音乐**。❶单击生成音乐上方的"Tempo&Volume"下拉按钮，如图 4-5 所示，❷在展开的面板中可以拖动各选项滑块，调节生成音乐的节奏和音量，❸单击"OK"按钮，如图 4-6 所示。至此，已完成了音乐的生成与编辑，单击页面下方的"Download"按钮可下载音频文件。

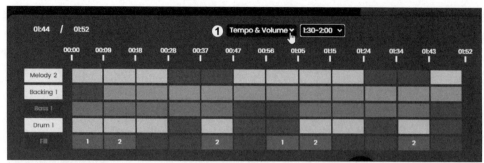

图4-5

图4-6

4.2 生成特定风格的背景音乐：soundful

在短视频制作过程中，选择适宜的背景音乐是至关重要的。只有为视频搭配与风格相吻合的背景音乐，才能为观众营造出极致的视听享受。本节将利用 soundful 工具生成特定风格的背景音乐。soundful 是一个基于人工智能的 AI 音乐生成器，通过选择模板和流派，就能快速生成适合不同视频内容的免版税音乐。只有通过精心挑选符合视频风格的背景音乐，才能为观众创造出完美的视听体验。

步骤01 **打开 soundful 页面。**打开网页浏览器，进入 soundful 官网首页（https://soundful.com），单击页面中的"START FOR FREE"按钮，如图 4-7 所示。

图4-7

步骤02 **选择音乐模板**。如果后面需要下载生成的音乐，建议用户先注册。当用户登录注册的账号后，将进入如图 4-8 所示的新页面。❶在该页面中单击左侧的"Templates"标签，展开选项卡，可看到 soundful 提供的多个音乐模板，❷单击模板可试听音乐效果，若要使用该音乐效果，❸则单击模板右下角的 ⊕ 按钮。

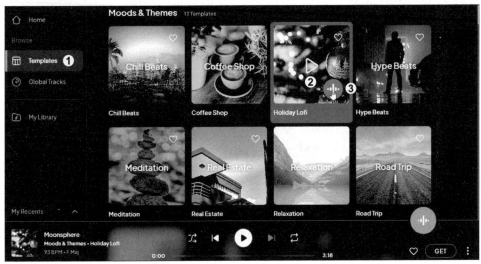

图4-8

步骤03　**创建音乐预览**。弹出"Create a track"窗口，单击"CREATE PREVIEW"按钮，如图4-9 所示。

图4-9

步骤04　**输入音乐名称并保存**。等待片刻，❶ soundful 就会生成与模板风格相似的音乐，并自动播放生成的音乐，❷在下方的"Track Name"文本框中输入音乐作品名称"舒缓音乐"，❸单击"SAVE"按钮，保存生成的音乐，如图4-10 所示。

图4-10

步骤05　**选择创建 Track**。如果 soundful 提供的模板中没有满意的音乐，也可以自行选择音乐流派进行音乐创作。❶单击页面底部播放器右侧的●按钮，如图 4-11 所示，❷在弹出的菜单中选择"Track"，如图 4-12 所示。

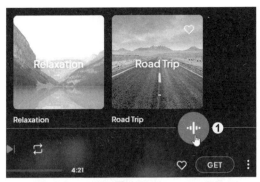

图4-11　　　　　　　　　　　　　　　　　　　图4-12

步骤06　**选择流派风格。**弹出"Create a track"窗口，❶在"Select a genre"下方选择生成音乐的流派，如图 4-13 所示。❷在展开的流派模板列表中选择一种模板，如图 4-14 所示。

图4-13

图4-14

步骤07 **设置速度和音调**。展开"Customize"选项组，❶拖动"Speed"下方的滑块，调整音乐的速度，❷单击"Key"下方的按钮，设置音乐的音调，❸单击上方的"CREATE PREVIEW"按钮，如图 4-15 所示。

图4-15

步骤08 **输入音乐名称并保存**。❶等待片刻，soundful 就会根据设置的各选项生成相应的音乐，并自动播放生成的音乐，❷在下方的"Track Name"文本框中输入音乐作品名称"舒缓音乐 2"，❸单击"SAVE"按钮，保存生成的音乐，如图 4-16 所示。

图4-16

步骤09 **获取保存的音乐**。保存音乐后，❶单击左侧的"My Library"标签，展开选项卡，可看到保存的两首音乐，❷单击音乐右侧的"GET"按钮，如图 4-17 所示。

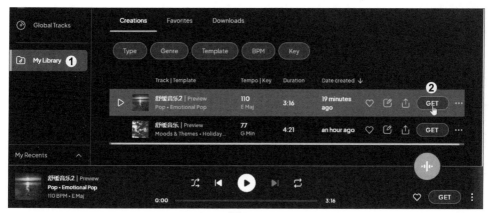

图4-17

步骤 10　**设置音乐下载方式**。弹出"Get Content"对话框，❶默认勾选"Standard download"单选按钮，❷单击下方的"RENDER & DOWNLOAD"按钮，如图 4-18 所示。弹出"Your creation is rendering"对话框，如果不希望每次获取音乐时都弹出此对话框，❸可以勾选"Don't show this message again"复选框，❹再单击下方的"GOT IT"按钮，如图 4-19 所示。

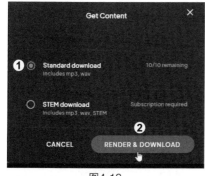

图4-18

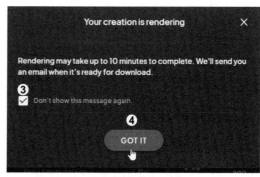

图4-19

步骤 11　**下载生成音乐**。音乐渲染完成后，❶"GET"按钮自动变为下载按钮，单击该按钮，如图 4-20 所示。弹出"Download Content"对话框，在该对话框中可选择下载的音频文件格式，这里不做更改，维持默认的复选框勾选状态，❷单击对话框中的"DOWNLOAD"按钮，即可下载生成的音乐，如图 4-21 所示。soundful 的免费版可以无限制创建音乐，并且每月可以下载 10 首自己创建的音乐。

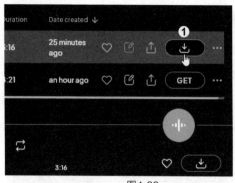

图4-20

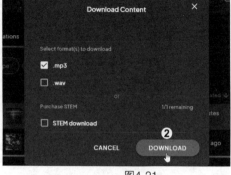

图4-21

4.3 分离背景音乐和人声：moises.ai

在短视频的制作过程中，常常会遇到背景音乐和人声交叉重叠的情况，这就会导致观众难以理解视频所传达的信息，从而影响观看体验。本节将利用 moises.ai 分离视频中的背景音乐和人声以解决上述问题。moises.ai 是一款智能音乐提取工具，不但可以帮助用户从任意音视频文件中快速提取背景音乐和人声，而且支持对提取的音频进行二次创作。

步骤01 **使用 Google 账号登录**。打开网页浏览器，进入 moises.ai 首页（https://moises.ai），❶初次使用时需单击页面左侧的 "Sign up" 按钮，如图 4-22 所示，❷在打开的 "Sign up" 页面中可选择创建账号的方式，这里单击 Google 图标，如图 4-23 所示，直接通过 Google 账号登录。

图4-22

图4-23

步骤02 **选择分离音轨。**登录成功后，❶单击新页面中的"Upload"按钮，❷在弹出的菜单中单击"Separate track"选项，如图 4-24 所示，打开"Separate track"页面，❸单击页面下方的"Drop your file here or browse"区域，如图 4-25 所示。

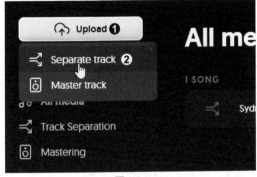

图4-24

图4-25

步骤03 **上传要分离音轨的视频。**弹出"打开"对话框，❶选中需要分离背景音乐和人声的视频文件，❷单击"打开"按钮，如图 4-26 所示。

图4-26

步骤04 **上传视频效果。**返回"Separate track"页面，❶在页面中将显示上传的视频文件以及该文件的大小、时长，❷单击"Next"按钮，如图 4-27 所示。

图4-27

步骤05 **选择分离音频的方式**。进入下一步操作，在"SELECT SEPARATION TYPE"下可看到多种分离音频的方式，❶单击选择"Vocals, Instrumental"，❷然后单击下方的"Submit"按钮，提交设置，如图 4-28 所示。

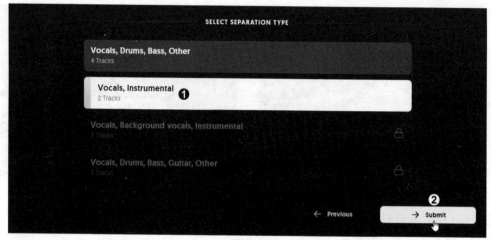

图4-28

步骤06 **分离出背景音乐**。等待片刻，即可完成视频中背景音乐和人声的分离处理。此时将自动返回"Library"页面，单击音频"城市宣传短片"，如图 4-29 所示。

图4-29

步骤07 **下载分离的背景音乐和人声**。打开"城市宣传短片"音频页面，❶可看到音频包含的"Vocals"和"Instumental"两个音频轨道，分别对应视频中的人声和背景音乐。❷单击音频轨道上方的"Export"按钮，❸在弹出的面板选择导出格式为"MP3"，❹单击"Export All"按钮，即可以压缩文件的形式同时导出分离出来的背景音乐和人声，如图 4-30 所示。

图4-30

4.4　生成逼真自然的语音：魔音工坊

借助 AI 工具，我们可以将文字转化为逼真自然的语音，为短视频赋予生动的配音。本节将使用魔音工坊为一段美食短视频配音。魔音工坊是一个功能强大的语音合成工具，支持多种语言和多种语音风格，可以帮助用户快速、方便地制作高质量的音频内容。

步骤01　**打开页面选择"配音·剪辑"。** 打开网页浏览器，进入魔音工坊首页（https://www. moyin.com），❶单击菜单栏中的"配音·剪辑"标签，如图 4-31 所示，❷进入"文案 & 配音"页面，❸单击发音人面板左上角的 ⬈ 按钮，如图 4-32 所示，收起发音人面板。

图4-31

图4-32

步骤 02 **输入要配音的文字**。在页面中间的编辑区输入要配音的文字，输入的文字默认为居中显示，如图 4-33 所示。如果想要更改文字的显示模式，可以单击页面右下方的"居左"或"全屏"按钮进行更改。

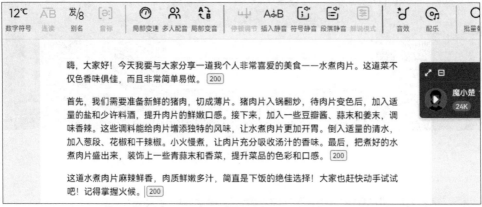

图4-33

步骤 03 **选择发音人并设置选项**。❶单击"展开"按钮，展开发音人面板，如图 4-34 所示。❷在面板左侧选择"男声"，❸根据视频内容选择"美食"，❹在下方选择配音师，❺然后在面板右侧选择"男孩儿"，❻拖动下方的"语速"滑块，调整语音速度，❼单击面板上方的"播放"按钮可试听配音效果，如图 4-35 所示。

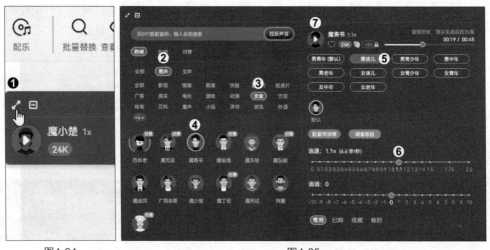

图4-34   图4-35

步骤 04　**添加停顿效果**。❶将插入点置于要添加停顿效果的位置，❷单击工具栏中的"停顿调节"按钮，如图 4-36 所示，❸在弹出的浮动工具栏中设置停顿时长为"中"，如图 4-37 所示。

图4-36

图4-37

步骤 05　**添加更多的停顿效果**。❶继续在其他位置添加停顿效果，❷设置后单击"配音"按钮，如图 4-38 所示。弹出"配音清单"对话框，❸单击"会员免费合成"按钮，如图 4-39 所示。

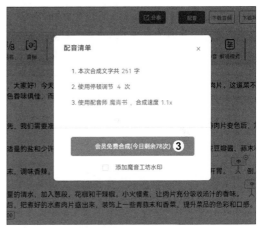

图4-38

图4-39

步骤 06　**生成并下载音频**。开始生成音频，❶生成音频后单击"播放"按钮可以试听效果，❷单击"下载音频"按钮，❸在弹出的菜单中选择音频格式，这里选择 MP3 格式，❹单击"确定"按钮，如图 4-40 所示，下载生成的音频。

图4-40

4.5 打造完美的 AI 画外音：TTSMaker

画外音可以整合视频主题、情节与角色形象的内容，使观众更易于理解视频内容。此外，画外音还能借助旁白、内心独白与解说等手段，增强视频的情感表现力。本节将利用 TTSMaker 快速生成画外音。TTSMaker 是一款免费的文本转语音工具，提供语音合成服务，支持多种语言和多种语音风格，用户可以根据实际需求来选择合适的语言和语音风格，生成自己想要的语音。

步骤01 **打开页面切换语言**。打开网页浏览器，进入 TTSMaker 首页（https://ttsmaker. cn/），❶单击选择文本语言的下拉列表框，如图 4-41 所示，❷在展开的列表中选择"中文 - Chinese 简体和繁体"选项，❸将文本语言切换为中文，如图 4-42 所示。

图4-41

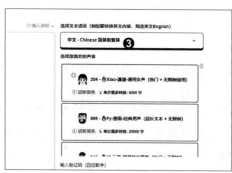

图4-42

步骤02　**复制粘贴要配音的文本内容**。❶打开文本文件 "海底奇妙探险：揭秘珊瑚的生长之谜 .txt"，先按快捷键〈Ctrl+A〉，全选文本，如图 4-43 所示，再按快捷键〈Ctrl+C〉，复制文本。返回 TTSMaker 页面，将插入点置于左侧的文本框中，按快捷键〈Ctrl+V〉，❷粘贴文本，如图 4-44 所示。

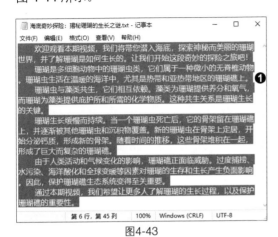

图4-43

图4-44

步骤03　**试听并选择发音人**。❶在 "选择您喜欢的声音" 列表中单击发音人下方的⊙按钮，试听发音人音色，如图 4-45 所示，如果觉得合适，❷单击选中发音人，如图 4-46 所示。

图4-45

图4-46

步骤04 **设置高级选项**。❶输入四位数字的验证码，❷单击"高级设置"按钮，如图4-47所示，❸在展开的选项卡中首先选择要下载的文件格式，❹然后在下方依次设置语速为"1.1x"，使语速更快一些，❺设置音量为"110%"，提高音量，❻设置每个段落之间的停顿时间为"600ms"，延长停顿时间，如图4-48所示。

图4-47

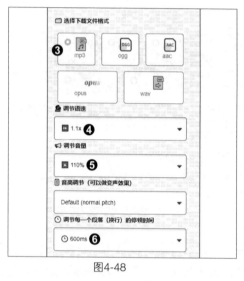

图4-48

步骤05 **生成语音并下载文件**。❶设置完成后单击"开始转换"按钮，❷即可根据文字内容和设置的各项参数生成语音，并会自动播放生成的语音，确认无误后，❸单击"下载文件到本地"按钮，如图4-49所示。

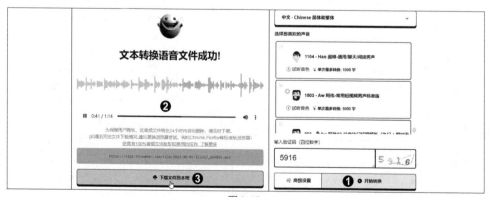

图4-49

4.6　生成专业的产品语音介绍：Murf AI

　　在产品宣传类短视频中，语音介绍往往能够更加生动、形象地展示产品的特点和优势。本节将利用 Murf AI 快速生成专业的产品语音介绍。Murf AI 是一个在线文本转语音工具，提供了超过 120 种语言和口音的真实人声，让用户可以根据自己的内容和场景选择最适合的声音。用户只需要输入或上传编辑好的文本，Murf AI 就可以在几分钟内快速生成高质量的语音文件。

步骤01　**打开 Murf AI 页面**。打开网页浏览器，进入 Murf AI 官网首页（https://murf.ai），单击页面中的 "OPEN STUDIO" 按钮，如图 4-50 所示。

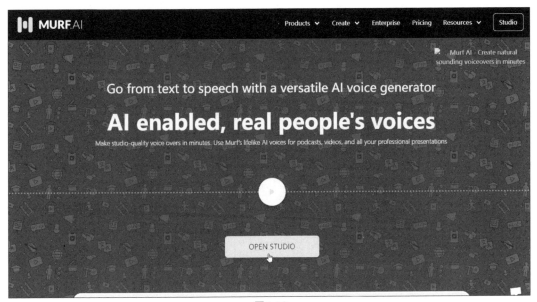

图4-50

步骤02　**创建一个新项目**。初次使用会要求用户登录并创建自己的工作室，创建成功后将进入个人中心页面。单击页面中的 "Create Project" 按钮，如图 4-51 所示。

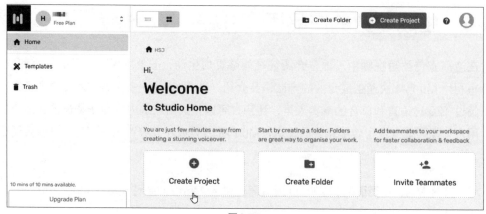

图4-51

步骤03 **输入项目名并选择语音类型**。打开"Create Project"页面，❶在"Project Title"文本框中输入项目名称"产品介绍"，❷然后在"Audio"下方单击"Audio Ad"选项，选择创建的语音类型，❸单击"Create Project"按钮，如图 4-52 所示。

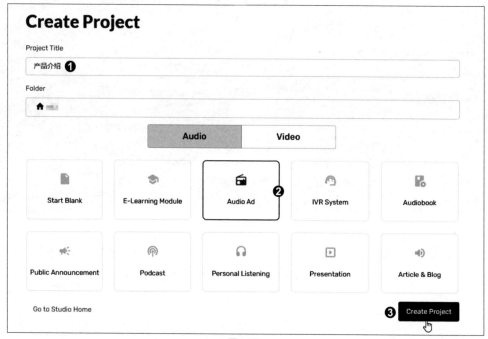

图4-52

步骤04 **设置导入脚本**。进入"产品介绍"页面，❶单击页面左侧的"Import Script"按钮，如图 4-53 所示。弹出"Import Script"对话框，❷单击对话框中的"Select a File"按钮，如图 4-54 所示。

图4-53

图4-54

步骤05 **选择要导入的脚本文件**。Murf AI 支持导入".txt"".docx"".srt"等多种格式的脚本文件。❶在弹出的"打开"对话框中选择要导入的脚本文件"智扫 V6- 扫地机器人 .txt"，❷单击"打开"按钮，如图 4-55 所示。❸返回至 Murf AI，显示正在处理脚本文件，如图 4-56 所示。

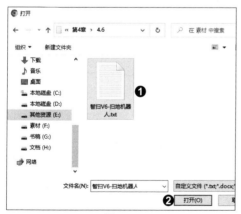

图4-55

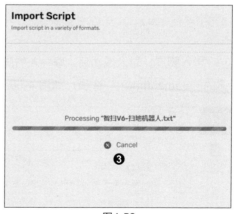

图4-56

步骤06 **设置导入首选项**。弹出"Select an Import Preference"对话框，设置导入首选项。❶勾选"Split Script by Sentences"单选按钮，选择按句子拆分脚本，❷单击"IMPORT SCRIPT"按钮，导入脚本，如图 4-57 所示。

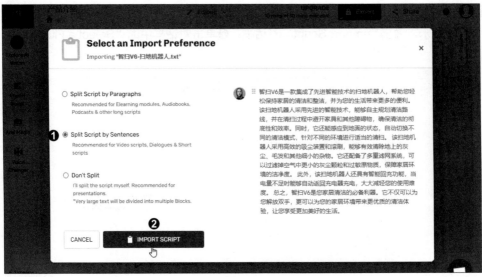

图4-57

> **提 示**
>
> 　　在导入脚本时，**Murf AI** 提供了两种拆分脚本的方式。一种是按段落拆分脚本，此拆分方式适用于电子学习模块、有声读物、播客和其他长脚本；另一种是按句子拆分脚本，此拆分方式适用于视频脚本、对话和其他短脚本。

步骤07　**导入脚本**。导入成功后，❶导入的脚本内容会显示在页面的编辑框中，❷单击脚本区域上方的"Samantha(F)"选项，如图 4-58 所示。

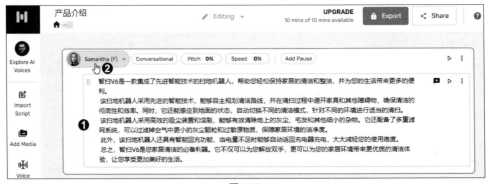

图4-58

步骤08 **选择发音人及音色**。弹出 "Select a Voice" 对话框，❶选择语言 "Chinese-Simplified"（简体中文），❷选择性别 "Male"（男性），❸选择音色年龄 "Young"（年轻的），❹然后将鼠标指针移到右侧的发音人图标上，单击 "Select" 按钮，如图 4-59 所示。

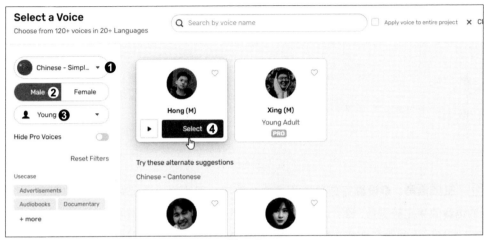

图4-59

步骤09 **调整语音音调**。选择音色后，自动关闭对话框并返回编辑页面。❶单击 "Pitch" 选项，❷在展开的面板中拖动滑块调节语音音调，如图 4-60 所示。

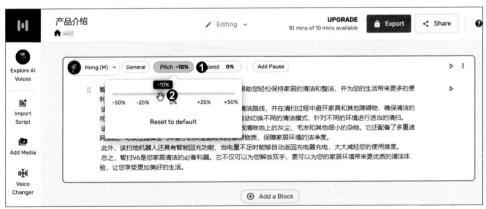

图4-60

步骤10 **调整语音速度**。❶单击 "Speed" 选项，❷在展开的面板中拖动滑块调节语音速度，如图 4-61 所示。

图4-61

步骤11 **生成语音**。❶设置完成单击下方的 ▷ 按钮，即可生成语音并自动播放语音。如果对生成的语音效果比较满意，❷可以单击脚本右侧的 ⋮ 按钮，❸在弹出的菜单中单击"Download Audio"按钮，下载语音文件，如图 4-62 所示。Murf AI 可以生成较高品质的语音，但是需要用户充值后才能进行下载。

图4-62

第**5**章

AI 数字化视频创作

视频制作是非常复杂而耗时的，需要大量的人力资源和专业设备。然而，随着 AI 技术的进步，现在可以利用智能算法和深度学习模型，通过分析大量的图像、视频和声音数据，快速生成逼真且富有创意的数字化视频。这些 AI 工具不仅可以智能编辑和剪辑视频素材，还可以实现图像合成、特效添加及语音合成等功能，增强视频表现力。本章将介绍利用 AI 视频生成技术高效创作数字化视频。

5.1 让数字人物活灵活现：Kreado AI

Kreado AI 是一个数字人视频创作平台，利用人工智能技术来制作真实或虚拟角色的口播视频，并支持超过 140 种不同的语言。用户只需输入文本或关键词，即可快速生成多语言口播的高质量短视频，大大提高视频制作效率。本节将利用 Kreado AI 快速生成一个活灵活现的数字人播报效果。

步骤01 **打开 Kreado AI 首页并将语言切换为中文。**打开网页浏览器，打开 Kreado AI 首页（https://www.kreadoai.com），❶单击页面右上角的"中文"，将页面显示语言切换为中文，❷然后单击页面中的"免费创建"按钮，如图 5-1 所示。

图5-1

步骤02 **输入信息并登录。**❶在打开的新页面中输入账号和密码信息，❷单击"开始创作"按钮，如图 5-2 所示。

步骤03 **选择口播视频创作。**登录成功即可进入"AI 视频创作平台"页面，❶单击页面中的"视频创作"标签，❷在展开的选项卡中单击"口播视频创作"，如图 5-3 所示。

图5-2

图5-3

步骤04 **选择虚拟口播人物**。打开"口播视频创作"页面，❶单击"虚拟口播人物"下方的"日韩"标签，❷然后在展开的选项卡下选择一个自己喜欢的虚拟人物角色，如图 5-4 所示。

图5-4

步骤05 **设置语言、音色和语气风格**。选择虚拟口播人物角色后，❶在"语言种类"下拉列表中选择"Chinese(Mandarin,Simplified)- 普通话"，如图 5-5 所示。❷在"人物音色"下拉列表中选择一个合适的人物音色，如图 5-6 所示。❸在"语气风格"下拉列表中设置虚拟口播人物的语气风格，如图 5-7 所示。

图5-5

图5-6

图5-7

步骤06 **输入文案关键词**。在"文本内容"文本框中输入口播文案内容，也可以使用 AI 推荐文案，❶单击"AI 推荐文案"按钮，如图 5-8 所示，❷在弹出的"AI 推荐文案"对话框中输入主题或关键词，❸然后单击"生成"按钮，如图 5-9 所示。

图5-8

图5-9

步骤07 **生成并选择文案**。等待片刻，Kreado AI 即可根据输入的关键词生成三种不同的文案，❶选择一种文案，单击下方的"使用文案"按钮，如图 5-10 所示，❷该文案即可被添加到"文本内容"文本框中，如图 5-11 所示。

图5-10

图5-11

步骤08　**增加间隔时间**。❶将插入点置于文字"首先"之前，❷单击下方的"增加间隔"按钮，如图 5-12 所示，增加 0.5 秒的间隔时间。❸继续采用相同方法根据内容添加间隔时间，如图 5-13 所示。

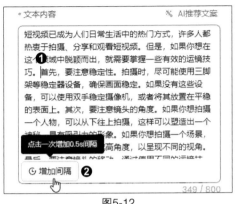

图5-12

图5-13

步骤09　**调整语速和语调**。❶拖动"调整语速"下方的滑块，调整语音播报的速度，❷拖动"调整语调"下方的滑块，调整语音播报的音调，❸设置完成后可以单击下方的"试听"按钮，如图 5-14 所示，试听语音效果，如果对生成的语音效果比较满意，❹则单击右上角的"生成视频"按钮，如图 5-15 所示。

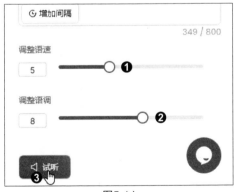

图5-14

图5-15

步骤10　**生成视频文件**。弹出"生成视频"对话框，❶单击对话框中的"生成视频"按钮，如图 5-16 所示。自动跳转至"我的项目"页面，❷并显示正在生成视频以及生成视频所需时间，如图 5-17 所示。完成后单击 ⬇ 按钮，即可下载生成的视频文件。

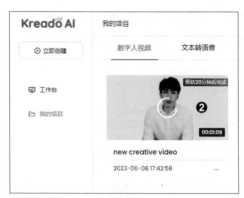

图5-16 图5-17

5.2 让人像图片开口说话：D-ID

本节将利用 AI 工具 D-ID 让人像图片开口说话，打造虚拟主播效果。用户可以选择或上传一张照片，并输入想要表达的内容，D-ID 就能自动将文字转换为语音，并生成一个逼真的动态视频。这些视频可以应用于教育培训、宣传演示、商品宣传等不同的场景。

步骤01 **打开 D-ID 页面**。打开网页浏览器，打开 D-ID 首页（https://www.d-id.com），单击导航条中的"FREE TRIAL"按钮，如图 5-18 所示。

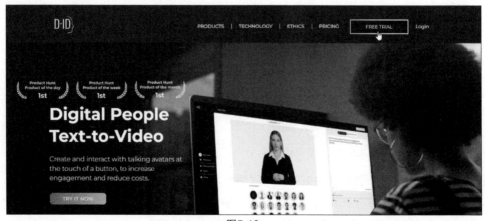

图5-18

步骤02　**选择创建视频**。进入 D-ID 的 Home 页面，页面中显示了当前账户所有使用 D-ID 创作的视频，❶初次打开只有一个名为"Welcome to D-ID"的示例视频，单击即可播放该视频，❷单击页面左侧的"Create Video"按钮，如图 5-19 所示。

图5-19

> **提　示**
>
> 　　D-ID 默认以访客模式进入主页面，仅允许试用部分功能，若要使用更多功能，则需要登录账号。在 Video Library 页面左下角单击"GUEST"，在展开的列表中单击"Login/Signup"选项，进入登录页面，根据提示完成账户的登录或注册。

步骤03　**上传人物图像**。打开 Create Video 页面，在"Choose a presenter"下方可看到 D-ID 提供的人像图像，这里如果想要使用自己的图像，❶则单击第 1 个"+ADD"图标，如图 5-20 所示。弹出"打开"对话框，❷在对话框中选中需要上传的人物图像，❸单击"打开"按钮，如图 5-21 所示。

图5-20

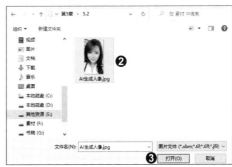

图5-21

步骤04 **输入文字并设置停顿时间。** ❶在"Script"下方的文本框中输入文本，并将插入点定位于第二自然段开头，❷然后单击下方的 ⏱ 按钮，在两个段落之间添加 0.5 秒的停顿时间，如图 5-22 所示。❸使用相同的方法在每个自然段之前添加 0.5 秒的停顿时间，如图 5-23 所示。

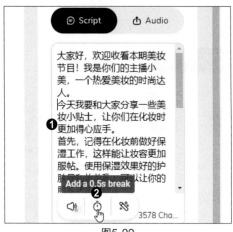
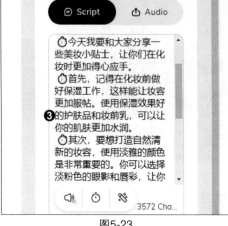

图5-22　　　　　　　　　　图5-23

步骤05 **选择语音和发音人。** ❶在"Language"下拉列表中选择"Chinese(Mandarin, Simplified)"选项，将语言设置为中文普通话，如图 5-24 所示，❷在"Voices"下拉列表中选择发音人，如图 5-25 所示。选择语言和发音人后，单击"Script"下方的 ⏱ 按钮，可以试听效果以确定是否选择该发音人。

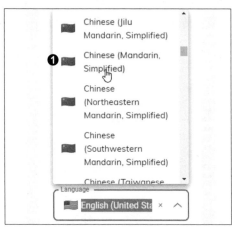
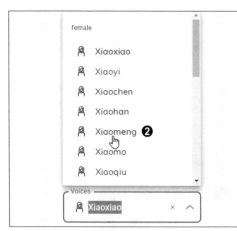

图5-24　　　　　　　　　　图5-25

步骤 06　**选择语气风格。**❶在"Styles"下拉列表中选择语气风格，如图 5-26 所示，❷设置完成后单击页面右上角的"GENERATE VIDEO"按钮，如图 5-27 所示。

图5-26　　　　　　　　　　　　　　　　　图5-27

步骤 07　**生成视频文件。**弹出"Generate this video?"对话框，询问用户是否需要生成视频文件，❶单击下方的"GENERATE"按钮，如图 5-28 所示。等待片刻，D-ID 即可自动生成视频文件，❷并自动切换至"Video Library"页面，如图 5-29 所示。

图5-28　　　　　　　　　　　　　　　　　图5-29

步骤 08　**更改文件名并下载视频文件。**❶将鼠标指针移到生成视频的缩略图上方，单击显示出来的播放按钮，如图 5-30 所示。弹出视频播放对话框，单击左上角的文件名，❷修改文件名为"美妆小贴士"，❸然后单击"DOWNLOAD"按钮，如图 5-31 所示，即可下载生成的视频文件。

图5-30

图5-31

5.3　快速生成数字人营销视频：HeyGen

　　HeyGen 是一个 AI 视频生成平台，它让视频制作变得像制作幻灯片一样简单，可以快速创建引人入胜的商业视频。HeyGen 提供了丰富的视频模板，可以广泛应用于商业宣传、电商、教育培训等多种场景。HeyGen 还提供了超过 100 位数字人模特，可以设置超过 40 多种语言和口音的语音内容，让虚拟数字人的神态、口型和动作实现与文本内容完美同步的效果。本节将使用 HeyGen 生成一个数字人营销视频。

　　步骤01　**打开 HeyGen 页面**。在网页浏览器中打开 HeyGen 首页（https://www.heygen.com），单击页面中的"Try HeyGen For Free"按钮，如图 5-32 所示。

图5-32

步骤02　**选择要创建视频的画幅。**初次使用 HeyGen 的用户可以通过邮箱注册或是直接选择已有谷歌账户等方式登录。登录成功后，❶在页面上方可看到免费账户可以生成 2 分钟的视频，❷单击页面右侧的"Create Video"按钮，❸在弹出的面板中选择"Landscape"，即横屏，如图 5-33 所示。

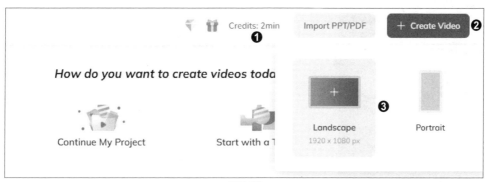

图5-33

步骤03　**选择合适的模板。**❶单击左侧的"Template"标签，在展开的选项卡中有多种类型的视频风格模板，❷单击"Explainer Video"标签，❸然后选择下方的"HOW TO"模板，如图 5-34 所示。

图5-34

步骤04 添加模板至轨道。展开选择的视频模板，可看到该模板包含多个场景，这种模板与幻灯片非常相似，❶直接单击需要的场景，❷选中的场景就会自动添加到视频轨道中，如图5-35 所示。

图5-35

步骤05 替换视频元素。选择视频模板后，还可以对模板中的元素进行替换或更改，将鼠标指针移至视频编辑区域中任一元素并单击即可选中该元素，❶选中视频中的人物素材，如图5-36 所示，❷单击左侧的"Avatar"标签，❸在展开的选项卡下选择一位东方面孔的女性角色作为主播，如图5-37 所示。

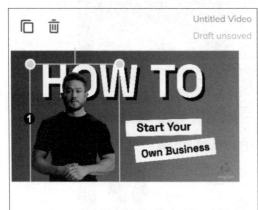

图5-36

图5-37

步骤06　**调整素材元素**。❶选中上一步骤添加至画面的人物素材，如图 5-38 所示，将鼠标指针置于编辑框任一角上，按住鼠标左键不放，❷适当向内拖动编辑框，将人物素材缩小摆放，如图 5-39 所示。

图5-38

图5-39

步骤07　**修改模板中的文字元素**。若要修改视频模板中的文字素材，❶需要双击文本素材让文本内容处于选中状态，如图 5-40 所示，再输入修改的文本内容，可以通过上方的字号调节按钮或直接拖动角编辑框调整文字大小，❷调整后的文字效果如图 5-41 所示。

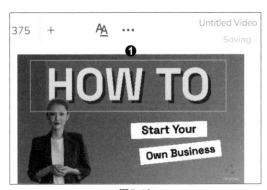

图5-40

图5-41

> **提　示**
>
> 　　在调整文本素材时，需要注意的是，如果需要修改的文本有投影效果，则需一并修改投影部分的文本内容。如果修改后的文本层和阴影部分使用鼠标拖动调整后仍有对不准的情况，还可以通过移动键盘中的方向键对文本位置进行微调。

步骤08　**添加视频脚本**。❶在"Text Script"下方的文本框中，为视频添加合适的脚本，如果已经编写好了视频脚本，则直接将文本复制后粘贴至文本框中即可，❷然后单击右侧的语音库，如图 5-42 所示。

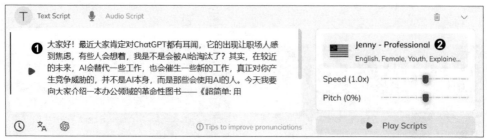

图5-42

步骤09　**设置语音类型**。展开语音库，❶选择语言为"Chinese"，❷选择语音播报为"Female"，即女声，❸单击 ▶ 按钮试听语音音色，❹试听满意后再单击"Select"按钮选择该语音，如图 5-43 所示。

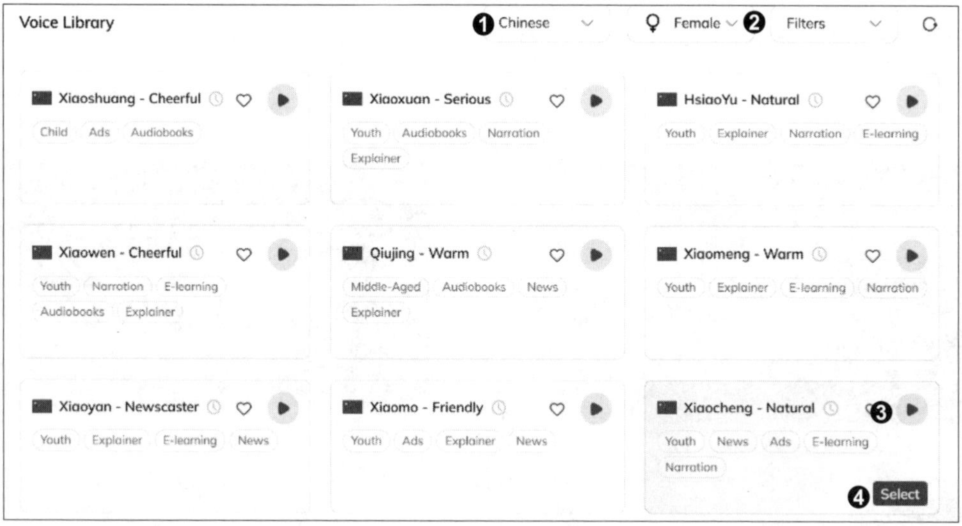

图5-43

步骤10　**调整语速并完成语音转换**。返回主界面，❶拖动滑块调节语音速度，❷单击"Play Scripts"按钮，即可完成脚本到语音的转换，如图 5-44 所示。语音转换完成后，❸可看到视频时长已根据转换后的语音时长进行了延长，如图 5-45 所示。

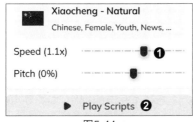

图5-44

图5-45

步骤 11 **继续添加模板完善视频内容**。继续使用添加模板、修改素材、添加脚本以及转换语音的方法完成后续视频内容的制作，添加相关视频元素后的视频轨道效果如图 5-46 所示。

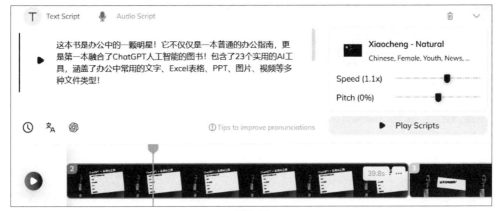

图5-46

步骤 12 **提交生成完整视频**。制作好视频后，❶单击"Preview"按钮即可预览视频的动画效果。❷单击右上角的"Submit"按钮，如图 5-47 所示，视频的制作需要等待一段时间。

图5-47

> **提 示**
>
> 　　在预览视频时，视频画面只显示图形、文本的动态效果，无法直接预览数字人像的部分。单击"Submit"按钮，生成视频后，才可实现数字人像与文本内容完美同步。

步骤13　**预览和下载视频**。当视频制作完成后，❶在网页中可以预览制作完成的视频，如图 5-48 所示，还可以将制作好的视频下载下来，❷单击页面右侧的"Download Original Video"按钮，如图 5-49 所示，下载制作好的数字人营销视频。

图5-48

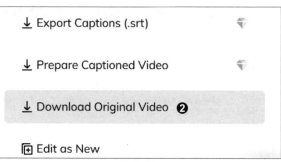

图5-49

> **提 示**
>
> 　　在未充分编辑好视频素材时，不要盲目单击"Submit"按钮尝试生成视频，以免浪费免费试用的机会。免费制作视频的时长仅为 2 分钟，超出的部分则需要付费订阅，具体订阅价格详见官网。

5.4　快速生成 AI 数字人效果：来画

　　真人播报需要相应的技术设备支持，如高质量的摄像机、麦克风、照明设备等。与真人主播相比，AI 数字人播报则无须考虑这些问题。它主要依赖于先进的计算机技术和深度学习算法，以生成逼真的虚拟形象和自然的语音。本节将使用来画快速生成 AI 数字人效果。来画是一个动画和数字人智能生成平台，它提供了大量的视频模板和素材，让用户能够在线快速创作动画短视频或数字人播报视频。

步骤01　**打开来画页面**。打开网页浏览器，进入来画首页（https://www.laihua.com），单击页面中的"免费试用"按钮，如图 5-50 所示。

图5-50

步骤02　**选择快速创作视频**。在打开的新页面中，❶单击左侧的"AI 视频模板"标签，❷再单击右侧的"快速创作"按钮，如图 5-51 所示。来画提供了许多视频模板，如果有适合自己视频内容的模板，也可以直接套用模板创作 AI 视频。

图5-51

步骤03　**选择主播形象**。自动切换至"主播"页面，❶在此页面中单击选择合适的数字人主播，❷在右侧编辑区即可预览所选的主播效果，如图 5-52 所示。

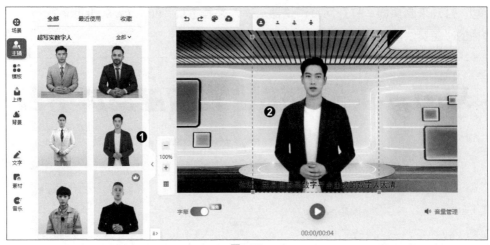

图5-52

步骤04 **输入文本并设置选项。**❶在"播报内容"下方的"输入文本"框中输入播报内容，❷单击语音库图标，❸在展开的语音库中单击"普通话"标签，❹然后在下方选择语音并试听效果，❺试听满意后再单击"保存并生成音频"按钮，如图 5-53 所示。

图5-53

步骤05　**选择视频背景。**❶单击"背景"按钮,切换至"背景"页面,❷单击"实拍"右侧的"全部"按钮,如图 5-54 所示,❸在展开的页面中单击适合的背景,如图 5-55 所示。

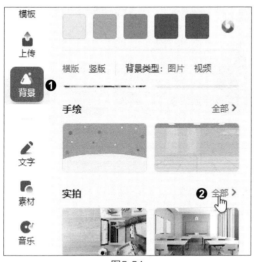

图5-54

图5-55

步骤06　**调整主播位置。**❶在右侧编辑区显示替换背景后的画面效果,如图 5-56 所示,单击选中画面中间的主播形象,❷将其移到画面左侧的合适位置,如图 5-57 所示。

图5-56

图5-57

步骤07　**预览视频效果。**❶设置完成后单击页面右上角的 ▶ 按钮,如图 5-58 所示,❷在弹出的对话框中即可预览整个视频效果,如图 5-59 所示。如果对效果比较满意,则可以单击"导出"按钮,导出视频文件。

图5-58

图5-59

提 示

如果需要使用自己准备好的视频背景，可以单击"上传"按钮，切换至"上传"页面，上传自己的图片或视频作为生成视频的背景。

5.5 一键移除视频背景：Cutout.Pro

如果视频中有杂乱或不合适的背景都有可能会分散观众的注意力，削弱视频的信息传达效果。本节将利用 Cutout.Pro 快速移除视频中的背景。Cutout.Pro 是一个全能的 AI 视觉设计平台，包含了智能照片和视频编辑工具，可以自动完成背景去除、图像修复、平面设计和内容生成等多项任务。使用 Cutout.Pro 去除视频背景非常简便，只需将视频上传至平台，它将智能识别视频中的前景和背景，并一键去除背景，轻松获得具有透明背景的视频素材。

步骤01 **打开页面切换语言。**打开网页浏览器，进入 Cutout.Pro 首页（https://www.cutout.pro），❶单击页面中的 下拉按钮，❷在展开的列表中选择"简体中文"，将页面语言切换为"简体中文"，如图 5-60 所示。

图5-60

步骤 02　**选择"视频抠图"工具。**更改页面语言后，滑动至页面下方，单击"AI 修复和抠图工具"下方的"视频抠图"工具，如图 5-61 所示。

图5-61

步骤 03　**选择要删除背景的视频素材。**打开"一键去除视频背景"页面，❶单击页面左侧的"上传视频"按钮，如图 5-62 所示。❷在弹出的"打开"对话框中选中需要删除背景的视频素材，❸然后单击"打开"按钮，如图 5-63 所示。

图5-62

图5-63

步骤 04　**自动删除视频背景。**❶视频上传完成后，Cutout.Pro 将会自动去除原视频的背景，❷单击"下载 预览"按钮，如图 5-64 所示，可以免费下载画质为 360P 的预览视频。如果想要下载处理后的高清视频，则需要充值购买积分。

图5-64

5.6 用文稿快速生成视频：一帧秒创

短视频创作是一个非常复杂的过程，需要剪辑素材、设置字幕、添加音频等等。而现在，借助 AI 工具，我们可以更加高效地完成这些任务。本节将利用一帧秒创提供的 AI 帮写功能快速撰写视频文案，并根据撰写的文案快速生成视频效果。一帧秒创是基于秒创 AIGC 引擎的智能视频创作平台，为用户提供文字续写、文字转语音、文生图、图文转视频等 AI 创作服务。一帧秒创通过对文案、素材、AI 语音、字幕等进行智能分析，实现了零门槛快速创作视频。

步骤01 **打开一帧秒创页面**。打开网页浏览器，进入一帧秒创官网首页（https://aigc.yizhentv.com），单击页面中的"立即创作"按钮，如图 5-65 所示。

图5-65

步骤 02 **选择 AI 帮写**。进入一帧秒创的创作空间，❶单击页面左侧的"首页"标签，切换至"首页"页面，❷单击页面中的"AI 帮写"，如图 5-66 所示。

图5-66

步骤 03 **设置选项生成文案**。进入"AI 帮写"页面，❶在"说说你想写什么"文本框中输入视频文案关键词"家居收纳小技巧"，保持默认的"行文风格"，❷然后在"文案长度"下方单击"中"选项，设置生成文案的长度，❸单击"生成文案"按钮，❹等待片刻即可在右侧的"文案预览"区域显示 AI 帮写的短视频文案，如图 5-67 所示。

图5-67

步骤04 **设置视频比例**。❶勾选"文案预览"区域左侧的复选框，❷保持默认的"匹配范围"，❸单击"视频比例"右侧的"9:16"，设置视频的长宽比，❹单击"生成视频"按钮，如图 5-68 所示。

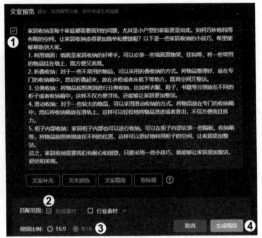

图5-68

步骤05 **编辑文稿标题并选择分类**。进入"编辑文稿"页面，在此页面中可以对文稿进行修改。❶修改文稿标题为"5 个家居收纳小技巧，让你的家干净整洁"，在标题上使用具体的数字使其更具吸引力，❷根据视频内容选择"科普"分类，❸单击"下一步"按钮，如图 5-69 所示。

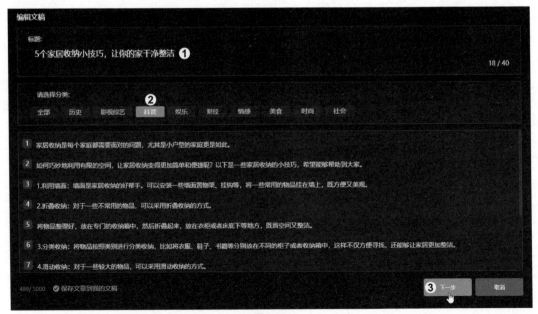

图5-69

步骤 06　**自动智能匹配视频素材**。进入"场景"页面，可以看到一帧秒创根据方案内容自动从在线素材中匹配视频素材，默认选中第 1 个视频素材，❶单击视频预览区域下方的 ▶ 按钮，预览该段视频的效果。如果觉得选取的视频素材与文案不是很匹配，❷可以单击文案下方的 🔄 按钮，根据关键词智能匹配视频素材，如图 5-70 所示。

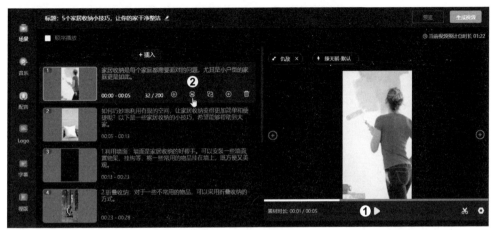

图5-70

步骤 07　**选择要替换的视频素材**。智能匹配的画面一般需要多次单击 🔄 按钮才能匹配到比较适合的视频素材，因此为节约时间也可以选择手动匹配。❶选中第 2 个场景画面，❷单击文案下方的 🔄 按钮，如图 5-71 所示。

图5-71

步骤08 **选择竖屏的视频素材。**❶在打开的新页面中单击"高级搜索"，❷根据视频的长宽比选择"竖版"，❸选择一个与文案比较匹配的竖版视频素材，如图 5-72 所示。

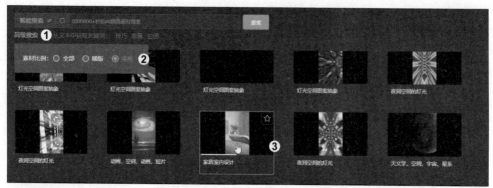

图5-72

步骤09 **预览并使用视频素材。**❶选择视频素材后，在页面右侧可预览所选的视频素材效果，如果觉得效果不错，❷单击下方的"使用"按钮，使用该视频素材，如图 5-73 所示。

步骤10 **替换视频素材。**返回"场景"面板，可看到替换视频素材后的效果，如图 5-74 所示。

图5-73

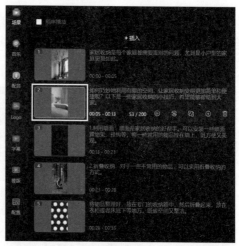

图5-74

步骤11 **完成更多视频素材的替换。**❶采用相同的操作，根据文案替换另外几个场景的视频素材，❷完成后单击"生成视频"按钮，如图 5-75 所示。

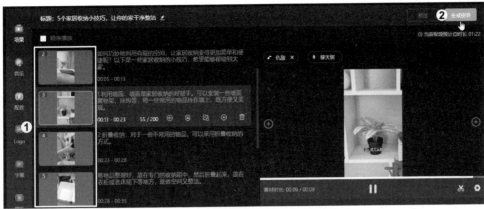

图5-75

步骤 12 **选择视频封面**。打开新页面，❶选择生成视频的封面，❷单击"确定"，如图 5-76 所示。

步骤 13 **合成视频**。跳转至"我的作品"页面，在此页面中可看到提示正在合成视频，如图 5-77 所示。完成后单击"下载视频"按钮即可下载合成的视频。

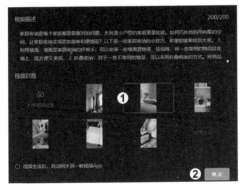

图5-76

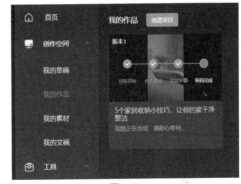

图5-77

第**6**章

视频素材的批量处理

　　在对大量的视频素材进行后期处理时，可以借助 Python 这一优秀的编程语言来提高工作效率。Python 能对视频和音频进行基本的剪辑、合并、输出等操作，还能实现批量自动化处理，从而减少短视频创作者在一些重复、烦琐的视频编辑任务上耗费的时间。本章将介绍如何借助 ChatGPT 编写 Python 代码，高效完成视频素材的批量处理任务。

6.1 批量转换素材图像格式

文件夹"转换图像格式前"中有多种格式的图像文件，如图 6-1 所示。现在需要将它们全部转换为 JPG 格式。

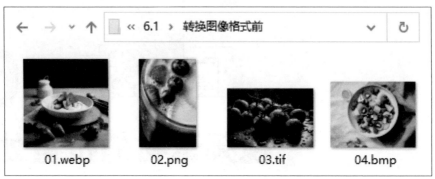

图6-1

◎ 人机对话

文件夹"转换图像格式前"中有多种格式的图像，现在需要将它们全部转换为 JPG 格式，要求如下：

（1）使用 pathlib 模块和 Pillow 模块。

（2）将转换后的文件保存到文件夹"转换图像格式后"中。如果该文件夹不存在，则进行创建。

（3）转换后的文件的命名方式为"原文件名_转换.jpg"。

请帮我编写相应的 Python 代码，谢谢。

以下是可以实现您的需求的 Python 代码：

```
1   from pathlib import Path
2   from PIL import Image
3   # 定义输入文件夹和输出文件夹的路径
4   input_folder = Path("转换图像格式前")
```

```
5    output_folder = Path("转换图像格式后")
6    # 创建输出文件夹
7    output_folder.mkdir(parents=True, exist_ok=True)
8    # 遍历输入文件夹
9    for file_path in input_folder.glob("*"):
10       # 遍历到子文件夹时跳过
11       if file_path.is_dir():
12           continue
13       # 打开图像文件
14       image = Image.open(file_path)
15       # 构建输出文件名
16       new_file_name = f"{file_path.stem}_转换.jpg"
17       output_path = output_folder / new_file_name
18       # 转换并保存图像文件
19       image.save(output_path, "JPEG")
20       # 输出转换成功的文件路径
21       print(f"已转换文件：{output_path}")
22   print("图像格式转换完成！")
```

请确保将代码中的"转换图像格式前"和"转换图像格式后"替换为实际使用的文件夹路径，并确保您已经安装了 Pillow 模块，相应的安装命令为：

```
pip install pillow
```

这段代码将遍历输入文件夹中的图像文件，将它们转换为 JPG 格式并保存到输出文件夹中，新文件的命名方式为"原文件名_转换.jpg"。转换成功后，会输出转换后的文件路径。

◎ 验证代码

在 Python 编辑器中运行代码后，打开文件夹"转换图像格式后"，可以看到转换成 JPG 格式的图像文件，如图 6-2 所示。

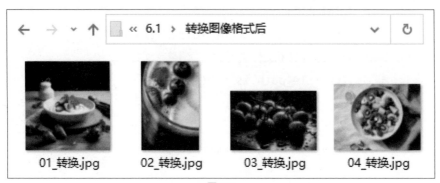

图6-2

6.2 批量转换视频格式

文件夹"转换视频格式前"中有多种格式的视频文件，如图 6-3 所示。现在需要将它们全部转换为 MP4 格式。

图6-3

◎ 人机对话

文件夹"转换视频格式前"中有多种格式的视频，现在需要将它们全部转换为 MP4 格式，要求如下：

（1）使用 pathlib 模块和 MoviePy 模块。

（2）将转换后的文件保存到文件夹"转换视频格式后"中。如果该文件夹不存在，则进行创建。

（3）转换后的文件的命名方式为"原文件名_转换.mp4"。

请帮我编写相应的 Python 代码，谢谢。

以下是可以实现您的需求的 Python 代码：

```
1   from pathlib import Path
2   from moviepy.editor import VideoFileClip
3   # 定义输入文件夹和输出文件夹的路径
4   input_folder = Path("转换视频格式前")
5   output_folder = Path("转换视频格式后")
6   # 创建输出文件夹
7   output_folder.mkdir(parents=True, exist_ok=True)
8   # 遍历输入文件夹
9   for file_path in input_folder.glob("*"):
10      # 遍历到子文件夹时跳过
11      if file_path.is_dir():
12          continue
13      # 打开视频文件
14      video = VideoFileClip(str(file_path))
15      # 构建输出文件名
16      new_file_name = f"{file_path.stem}_转换.mp4"
17      output_path = output_folder / new_file_name
18      # 转换并保存视频文件
```

```
19          video.write_videofile(str(output_path))
20          video.close()
21          # 输出转换成功的文件路径
22          print(f"已转换文件：{output_path}")
23     print("视频格式转换完成！")
```

请确保将代码中的"转换视频格式前"和"转换视频格式后"替换为实际使用的文件夹路径，并确保您已经安装了 MoviePy 模块，相应的安装命令为：

```
pip install moviepy
```

这段代码将遍历输入文件夹中的视频文件，将它们转换为 MP4 格式并保存到输出文件夹中，新文件的命名方式为"原文件名＿转换 .mp4"。转换成功后，会输出转换后的文件路径。

◎ 验证代码

在 Python 编辑器中运行代码后，打开文件夹"转换视频格式后"，可以看到转换成 MP4 格式的视频文件，如图 6-4 所示。

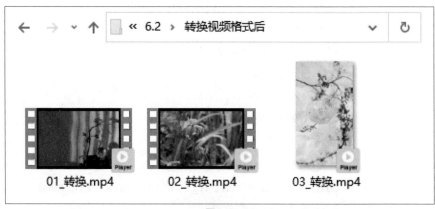

图6-4

◎ 知识扩展

　　本案例的提示词在提出要求时未考虑输入文件夹中存在 MP4 格式视频文件的情况，生成的代码有一个不足：若遇到 MP4 格式的视频文件，原本不需要转换，但是代码会"一视同仁"地进行转换，导致运行效率变低。可通过修改提示词来优化代码，对话过程如下：

> 👤 文件夹"转换视频格式前"中有多种格式的视频，现在需要将它们全部转换为 MP4 格式，要求如下：
>
> （1）使用 pathlib 模块、shutil 模块、MoviePy 模块。
>
> （2）将转换后的文件保存到文件夹"转换视频格式后"中。如果该文件夹不存在，则进行创建。
>
> （3）转换后的文件的命名方式为"原文件名 _ 转换 .mp4"。
>
> （4）如果原文件是 MP4 格式，则不做转换，直接将其复制到目标文件夹并按要求重命名。
>
> 请帮我编写相应的 Python 代码，谢谢。

> 🅰️ 以下是可以实现您的需求的 Python 代码：

```
1    from pathlib import Path
2    import shutil
3    from moviepy.editor import VideoFileClip
4    # 定义输入文件夹和输出文件夹的路径
5    input_folder = Path("转换视频格式前")
6    output_folder = Path("转换视频格式后")
7    # 创建输出文件夹
8    output_folder.mkdir(parents=True, exist_ok=True)
9    # 遍历输入文件夹
10   for file_path in input_folder.glob("*"):
11       # 遍历到子文件夹时跳过
12       if file_path.is_dir():
```

```
13          continue
14      # 构建输出文件名
15      new_file_name = f"{file_path.stem}_转换.mp4"
16      output_path = output_folder / new_file_name
17      # 如果输入文件是MP4格式，则直接复制并按要求重命名
18      if file_path.suffix.lower() == ".mp4":
19          shutil.copy(file_path, output_path)
20          print(f"已复制文件: {output_path}")
21      else:
22          # 使用MoviePy模块进行格式转换
23          video = VideoFileClip(str(file_path))
24          video.write_videofile(str(output_path))
25          video.close()
26          print(f"已转换文件: {output_path}")
27  print("视频格式转换完成！")
```

6.3 批量调整视频的画面尺寸

文件夹"调整尺寸前"中有多个 MP4 格式的视频文件，它们的画面尺寸相同，帧宽度为 3840 像素，帧高度为 2160 像素，如图 6-5 所示。现在需要将这些视频文件的帧宽度调整为 1920 像素，帧高度则按原始宽高比自动调整。

名称	帧宽度	帧高度
01.mp4	3840	2160
02.mp4	3840	2160
03.mp4	3840	2160
04.mp4	3840	2160
05.mp4	3840	2160

« 6.3 › 调整尺寸前

图6-5

◎ 人机对话

👤 文件夹"调整尺寸前"中有多个 MP4 格式的视频文件，现在需要批量调整它们的画面尺寸，要求如下：

（1）使用 pathlib 模块和 MoviePy 模块。

（2）将帧宽度调整为 1920 像素，帧高度则按原始宽高比自动调整。

（3）将调整后的文件保存到文件夹"调整尺寸后"中。如果该文件夹不存在，则进行创建。

（4）调整后的文件与原文件同名。

请帮我编写相应的 Python 代码，谢谢。

🅰 以下是可以实现您的需求的 Python 代码：

```
1    from pathlib import Path
2    from moviepy.editor import VideoFileClip
3    # 定义输入文件夹和输出文件夹的路径
4    input_folder = Path("调整尺寸前")
5    output_folder = Path("调整尺寸后")
6    # 创建输出文件夹
7    output_folder.mkdir(parents=True, exist_ok=True)
8    # 遍历输入文件夹中所有扩展名为 ".mp4" 的文件
9    for file_path in input_folder.glob("*.mp4"):
10       # 生成输出文件的路径
11       output_path = output_folder / file_path.name
12       # 打开视频文件
13       video = VideoFileClip(str(file_path))
14       # 调整视频帧宽度为1920像素，帧高度按原始宽高比自动调整
15       video_resized = video.resize(width=1920)
16       # 保存调整后的视频文件
17       video_resized.write_videofile(str(output_path))
```

```
18        # 释放视频对象占用的资源
19        video.close()
20        video_resized.close()
```

请确保将代码中的"调整尺寸前"和"调整尺寸后"替换为实际使用的文件夹路径。

这段代码将遍历输入文件夹中的所有扩展名为".mp4"的文件，将它们的帧宽度调整为 1920 像素，帧高度则按原始宽高比自动调整，然后保存到输出文件夹中，并以原视频文件名命名。

请注意，对于大型视频文件，处理过程可能需要较长的时间。

◎ 验证代码

在 Python 编辑器中运行代码后，打开文件夹"调整尺寸后"，可以看到按要求调整了画面尺寸的视频文件，如图 6-6 所示。

图6-6

◎ 知识扩展

（1）如果运行代码时遇到如下报错信息，可能是安装了 10.0.0 及以上版本的 Pillow 模块所致。

```
1    AttributeError: module 'PIL.Image' has no attribute 'ANTIALIAS'
```

解决办法是使用如下命令安装较旧版本的 Pillow 模块：

```
pip install pillow==9.5.0
```

（2）读取视频文件会占用较多的系统资源，批量处理涉及多个视频文件，占用的系统资源也就更多，因而需要在代码中及时关闭视频文件。Python 提供一种名为"上下文管理器"（context manager）的语法格式，以确保代码中打开的文件被正确关闭。我们可以通过追问的方式让 ChatGPT 使用上下文管理器对代码进行优化，对话过程如下：

👤 请使用上下文管理器对上述代码进行优化。

🅰️ 以下是使用上下文管理器对代码进行优化的版本：

```
1   from pathlib import Path
2   from moviepy.editor import VideoFileClip
3   # 定义输入文件夹和输出文件夹的路径
4   input_folder = Path("调整尺寸前")
5   output_folder = Path("调整尺寸后")
6   # 创建输出文件夹
7   output_folder.mkdir(parents=True, exist_ok=True)
8   # 遍历输入文件夹中所有扩展名为 ".mp4" 的文件
9   for file_path in input_folder.glob("*.mp4"):
10      # 生成输出文件的路径
11      output_path = output_folder / file_path.name
12      # 使用MoviePy模块加载视频文件并调整画面尺寸
13      with VideoFileClip(str(file_path)) as video:
14          video_resized = video.resize(width=1920)
15          # 保存调整后的视频文件
16          video_resized.write_videofile(str(output_path))
```

优化的版本使用 with 语句创建了一个上下文管理器，VideoFileClip 对象、resize() 方法和 write_videofile() 方法现在都在 with 语句块中，这样每处理完一个文件就会自动关闭该文件，从而释放其占用的系统资源。

6.4　批量裁剪视频的画面

文件夹"裁剪画面前"中有多个 MP4 格式的视频文件，它们的画面尺寸不尽相同，如图 6-7 所示。现在需要以画面的中心点作为裁剪框的中心点，将画面裁剪为 1920 像素 ×1080 像素。

名称	帧宽度	帧高度
01.mp4	1920	1080
02.mp4	1920	1080
03.mp4	2048	1080
04.mp4	2048	1080
05.mp4	2048	1080

图6-7

◎ 人机对话

文件夹"裁剪画面前"中有多个 MP4 格式的视频文件，现在需要批量裁剪它们的画面尺寸，要求如下：

（1）使用 pathlib 模块、shutil 模块、MoviePy 模块。

（2）以画面的中心点作为裁剪框的中心点，将画面裁剪为 1920 像素 ×1080 像素。

（3）将裁剪后的文件以原文件名保存到文件夹"裁剪画面后"中。如果该文件夹不存在，则进行创建。

（4）如果文件的画面尺寸已经满足要求，则不做裁剪，直接将其复制到输出文件夹。

请帮我编写相应的 Python 代码，谢谢。

AI　以下是使用上下文管理器对代码进行优化的版本：

```
1    from pathlib import Path
2    import shutil
3    from moviepy.editor import VideoFileClip
4    # 定义输入文件夹和输出文件夹的路径
5    input_folder = Path("裁剪画面前")
6    output_folder = Path("裁剪画面后")
7    # 创建输出文件夹
8    output_folder.mkdir(parents=True, exist_ok=True)
9    # 遍历输入文件夹中所有扩展名为 ".mp4" 的文件
10   for input_file in input_folder.glob("*.mp4"):
11       # 生成输出文件的路径
12       output_file = output_folder / input_file.name
13       # 打开视频文件
14       video = VideoFileClip(str(input_file))
15       # 检查输入文件的画面尺寸
16       if video.size == (1920, 1080):
17           # 画面尺寸已满足要求，直接复制文件
18           shutil.copy(input_file, output_file)
19       else:
20           # 计算裁剪框中心点的位置
21           x_center = video.size[0] / 2
22           y_center = video.size[1] / 2
23           # 裁剪画面
24           video_cropped = video.crop(x_center=x_center,
             y_center=y_center, width=1920, height=1080)
25           # 保存裁剪后的文件
26           video_cropped.write_videofile(str(output_file))
```

请确保将代码中的“裁剪画面前”和“裁剪画面后”替换为实际使用的文件夹路径。

这段代码将遍历输入文件夹中的所有扩展名为“.mp4”的文件，并使用 VideoFileClip 类加载视频文件。然后检查视频的画面尺寸是否为 1920 像素 × 1080 像素。如果是，则将文件直接复制到输出文件夹；否则按指定尺寸裁剪画面，并将裁剪后的视频保存到输出文件夹。

◎ 验证代码

在 Python 编辑器中运行代码后，打开文件夹“裁剪画面后”，可以看到按要求裁剪画面后的视频文件，如图 6-8 所示。

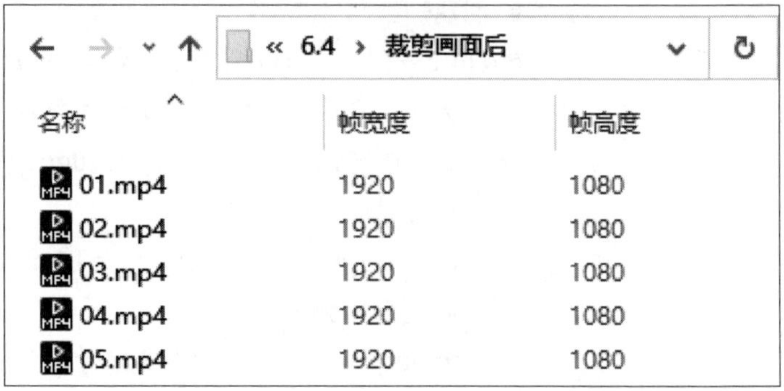

« 6.4 › 裁剪画面后
名称
帧宽度
帧高度
01.mp4 1920 1080
02.mp4 1920 1080
03.mp4 1920 1080
04.mp4 1920 1080
05.mp4 1920 1080

图6-8

6.5 批量调整视频的播放速度

文件夹“调整速度前”中有多个 MP4 格式的视频文件，如图 6-9 所示。现在需要将每个视频的播放速度调整为原先的 3 倍。

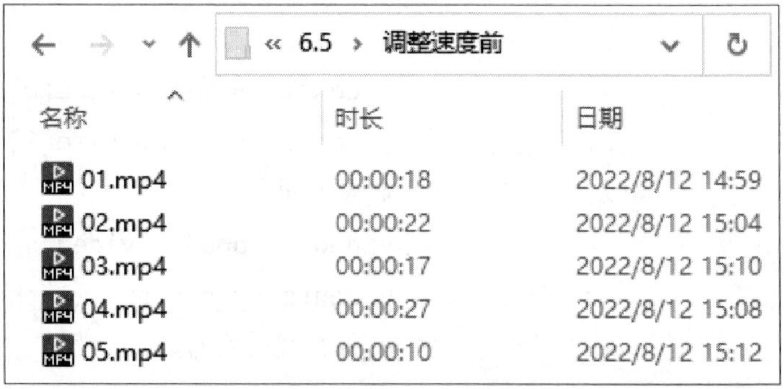

« 6.5 › 调整速度前
名称
时长
日期
01.mp4 00:00:18 2022/8/12 14:59
02.mp4 00:00:22 2022/8/12 15:04
03.mp4 00:00:17 2022/8/12 15:10
04.mp4 00:00:27 2022/8/12 15:08
05.mp4 00:00:10 2022/8/12 15:12

图6-9

◎ 人机对话

👤 文件夹"调整速度前"中有多个 MP4 格式的视频文件，现在需要批量调整它们的播放速度，要求如下：

（1）使用 pathlib 模块和 MoviePy 模块。

（2）将播放速度调整为原先的 3 倍。

（3）将调整后的文件以原文件名保存到文件夹"调整速度后"中。如果该文件夹不存在，则进行创建。

请帮我编写相应的 Python 代码，谢谢。

🅰️ 以下是可以实现您的需求的 Python 代码：

```python
from pathlib import Path
from moviepy.editor import VideoFileClip
# 定义输入文件夹和输出文件夹的路径
input_folder = Path("调整速度前")
output_folder = Path("调整速度后")
# 创建输出文件夹
output_folder.mkdir(parents=True, exist_ok=True)
# 遍历输入文件夹中所有扩展名为".mp4"的文件
for file_path in input_folder.glob("*.mp4"):
    # 生成输出文件的路径
    output_path = output_folder / file_path.name
    # 打开视频文件
    video = VideoFileClip(str(file_path))
    # 调整视频的播放速度为原先的3倍
    new_video = video.speedx(factor=3)
    # 保存调整后的视频文件
    new_video.write_videofile(str(output_path))
```

请确保将代码中的"调整速度前"和"调整速度后"替换为实际使用的文件夹路径。

这段代码将遍历输入文件夹中的所有扩展名为".mp4"的文件，并使用 VideoFileClip 类加载视频文件，然后将视频的播放速度调整为原先的 3 倍，并将调整后的视频文件保存到输出文件夹下。

◎ 验证代码

在 Python 编辑器中运行代码后，打开文件夹"调整速度后"，可以看到调整播放速度后的视频文件，每个视频的时长都缩短为原来的 1/3 左右，如图 6-10 所示。播放任一视频文件，可以看到视频画面播放速度变快。

名称	时长	日期
01.mp4	00:00:06	2022/12/1 9:46
02.mp4	00:00:07	2022/12/1 9:46
03.mp4	00:00:05	2022/12/1 9:46
04.mp4	00:00:09	2022/12/1 9:46
05.mp4	00:00:03	2022/12/1 9:46

图6-10

◎ 知识扩展

第 15 行代码中的 speedx() 函数用于调整视频的播放速度，其常用语法格式为：

speedx(factor=None, final_duration=None)

参数 factor 用于指定变速系数。如果变速系数大于 0 且小于 1，则播放速度会变慢；如果变速系数大于 1，则播放速度会变快。

参数 final_duration 用于指定视频的目标时长，函数会自动计算相应的变速系数。如果目标时长大于原时长，则播放速度会变慢；如果目标时长小于原时长，则播放速度会变快。

参数 factor 和 final_duration 只需设置一个，不可同时给出。

6.6　批量将视频剪辑至等长

文件夹"调整时长前"中有多个 MP4 格式的视频文件，如图 6-11 所示。每个视频文件的时长不尽相同，现在需要通过剪辑将它们的时长调整为最短的视频文件的时长（此处为 7 秒）。

图6-11

◎ 人机对话

文件夹"调整时长前"中有多个 MP4 格式的视频文件，现在需要对它们进行批量剪辑，要求如下：

（1）使用 pathlib 模块、shutil 模块、MoviePy 模块。

（2）剪辑后的时长为最短的视频文件的时长。

（3）将剪辑后的文件以原文件名保存到文件夹"调整时长后"中。如果该文件夹不存在，则进行创建。

（4）如果视频的时长已是最短时长，则直接将其复制到输出文件夹。

请帮我编写相应的 Python 代码，谢谢。

AI 以下是可以实现您的需求的 Python 代码：

```
1    from pathlib import Path
2    import shutil
3    from moviepy.editor import VideoFileClip
4    # 定义输入文件夹和输出文件夹的路径
```

```
5    input_folder = Path("调整时长前")
6    output_folder = Path("调整时长后")
7    # 创建输出文件夹
8    output_folder.mkdir(parents=True, exist_ok=True)
9    # 获取输入文件夹中所有扩展名为 ".mp4" 的文件的路径列表
10   input_files = list(input_folder.glob("*.mp4"))
11   # 获取所有视频文件的时长列表
12   duration_list = [VideoFileClip(str(file)).duration for
     file in input_files]
13   # 找到最短的时长
14   min_duration = min(duration_list)
15   # 遍历MP4文件的列表
16   for file in input_files:
17       # 生成输出文件的路径
18       output_file = output_folder / file.name
19       # 打开视频文件
20       video = VideoFileClip(str(file))
21       # 如果视频文件的时长已是最短时长，则将其复制到输出文件夹
22       if video.duration == min_duration:
23           shutil.copy(file, output_file)
24       else:
25           # 按照最短时长剪辑视频片段
26           new_video = video.subclip(0, min_duration)
27           # 保存剪辑后的视频文件
28           new_video.write_videofile(str(output_file))
```

请确保将代码中的"调整时长前"和"调整时长后"替换为实际使用的文件夹路径。

这段代码将遍历输入文件夹中的所有扩展名为".mp4"的文件，并使用

VideoFileClip 类加载视频文件，找到最短视频的时长，然后将各个视频剪辑至此时长，并将剪辑后的文件保存到输出文件夹下。

◎ 验证代码

在 Python 编辑器中运行代码后，打开文件夹"调整时长后"，可以看到各个视频文件的时长均为 7 秒，如图 6-12 所示。

图6-12

◎ 知识扩展

（1）第 12 行代码使用的语法格式称为"列表推导式"或"列表生成式"，其优点是能用简洁的代码快速创建列表。这行代码等价于如下所示的 5 行代码：

```
1    duration_list = []
2    for file in input_files:
3        video = VideoFileClip(str(file))
4        duration = video.duration
5        duration_list.append(duration)
```

（2）除了通过剪辑来调整视频文件的时长，还可以使用 6.5 节介绍的 speedx() 函数，通过调整播放速度来调整时长。就本案例来说，只需将第 26 行代码修改成如下形式：

```
1    new_video = video.speedx(final_duration=min_duration)
```

6.7 批量去除视频素材的原声

文件夹"去除原声前"中有多个 MP4 格式的视频文件，如图 6-13 所示。查看任意一个文件的属性，可以看到音频信息，如图 6-14 所示。现在需要将这些视频文件的音频轨道全部删除。

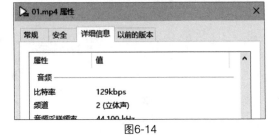

图6-13   图6-14

◎ 人机对话

文件夹"去除原声前"中有多个 MP4 格式的视频文件，现在需要批量删除它们的音频轨道，要求如下：

（1）使用 pathlib 模块和 MoviePy 模块。

（2）将处理后的文件以原文件名保存到文件夹"去除原声后"中。如果该文件夹不存在，则进行创建。

请帮我编写相应的 Python 代码，谢谢。

AI 以下是可以实现您的需求的 Python 代码：

```
1    from pathlib import Path
2    from moviepy.editor import VideoFileClip
3    # 定义输入文件夹和输出文件夹的路径
4    input_folder = Path("去除原声前")
5    output_folder = Path("去除原声后")
6    # 创建输出文件夹
7    output_folder.mkdir(parents=True, exist_ok=True)
```

```
8      # 遍历输入文件夹中所有扩展名为 ".mp4" 的文件
9      for file_path in input_folder.glob("*.mp4"):
10         # 生成输出文件的路径
11         output_path = output_folder / file_path.name
12         # 打开视频文件
13         video = VideoFileClip(str(file_path))
14         # 删除音频轨道
15         new_video = video.without_audio()
16         # 保存处理后的视频文件
17         new_video.write_videofile(str(output_path))
```

请确保将代码中的"去除原声前"和"去除原声后"替换为实际使用的文件夹路径。

这段代码将遍历输入文件夹中的所有扩展名为".mp4"的文件，并使用 VideoFileClip 类加载视频文件，然后使用 without_audio() 方法删除音频部分，最后将处理后的文件保存到输出文件夹中。

◎ 验证代码

在 Python 编辑器中运行代码后，打开文件夹"去除原声后"，可以看到去除原声后的视频文件，如图 6-15 所示。查看任意一个文件的属性，会发现音频信息已经消失，如图 6-16 所示。播放任意一个文件，都听不到声音。

图6-15　　　　　　　　　　　　　　　图6-16

6.8 批量提取视频素材的音频轨道

文件夹"提取音频前"中有多个 MP4 格式的视频文件，如图 6-17 所示。现在需要批量提取这些视频的音频轨道，并保存成 MP3 格式的文件。

图6-17

◎ 人机对话

文件夹"提取音频前"中有多个 MP4 格式的视频文件，现在需要批量提取它们的音频轨道，要求如下：

（1）使用 pathlib 模块和 MoviePy 模块。

（2）将提取的音频轨道以 MP3 格式保存到文件夹"提取的音频"中。如果该文件夹不存在，则进行创建。

（3）如果视频文件不含音频轨道，需要输出相应的信息。

请帮我编写相应的 Python 代码，谢谢。

AI 以下是可以实现您的需求的 Python 代码：

```
1    from pathlib import Path
2    from moviepy.editor import VideoFileClip
3    # 定义输入文件夹和输出文件夹的路径
4    input_folder = Path("提取音频前")
5    output_folder = Path("提取的音频")
```

```
 6    # 创建输出文件夹
 7    output_folder.mkdir(parents=True, exist_ok=True)
 8    # 遍历输入文件夹中所有扩展名为 ".mp4" 的文件
 9    for file_path in input_folder.glob("*.mp4"):
10        # 生成输出文件的路径
11        output_file = output_folder / f"{file_path.stem}.
          mp3"
12        # 打开视频文件
13        video_clip = VideoFileClip(str(file_path))
14        # 提取音频轨道
15        audio_clip = video_clip.audio
16        # 检查音频轨道是否为空白
17        if audio_clip is None:
18            print(f"视频文件 {file_path} 不含音频轨道")
19        else:
20            # 保存音频轨道
21            audio_clip.write_audiofile(str(output_file))
```

请确保将代码中的"提取音频前"和"提取的音频"替换为实际使用的文件夹路径。

这段代码将遍历输入文件夹中的所有扩展名为".mp4"的文件，并使用 VideoFileClip 类加载视频文件，然后使用 audio 属性提取音频轨道，最后将音频轨道保存到输出文件夹中。

◎ 验证代码

在 Python 编辑器中运行代码后，打开文件夹"提取的音频"，可以看到从视频中提取出来的 MP3 格式的音频文件，如图 6-18 所示。

图6-18

第 **7** 章

动画视频制作

　　相比真人出镜的视频，动画短视频不受现实世界中时间、地点、演员等因素的限制，创作者拥有更广阔的表达空间，可以尽情地释放自己的创意。如今，在 AI 工具的帮助下，我们不需要绘画就能快速制作一个动画短视频。本章就来讲解一个利用 AI 工具制作动画短视频的案例。

7.1 创作视频脚本

如果已经编写好视频脚本，可以跳过本节，从 7.2 节开始阅读。如果还没有脚本，则可以利用文本生成类 AI 工具帮我们创作视频脚本。这里使用 ChatGPT 来完成这项任务。

步骤01 **进行对话并生成脚本。** 打开 ChatGPT，进行如下所示的对话。

> 我想让你担任一名厨师，教一年级的小朋友制作一份美味的爆米花，讲解过程大约 2 分钟，使用的语言要轻松有趣。请输出相应的文字脚本。

> 好的，我很高兴担任你的厨师，现在我们要开始制作美味的爆米花！这是一个非常简单的过程，适合一年级的小朋友们。
>
> 首先，我们需要准备以下材料：玉米粒、食用油、盐、一个爆米花袋（可选）。让我们开始吧！
>
> 步骤 1：准备锅
>
> 首先，我们需要准备一个平底锅。请确保它是干净的，并且足够大，以容纳你要放入的所有玉米粒。
>
> 步骤 2：加入油和玉米粒
>
> 现在，将锅放在炉子上，把火开到中等大小。接下来，倒入约 1 ~ 2 汤匙的食用油，然后加入大约 1/3 杯玉米粒。记住，不要加太多的玉米粒，否则它们就无法在锅里移动，并且不容易爆开。
>
> 步骤 3：摇动锅子
>
> 现在，用锅盖盖住锅子，稍微晃动一下，直到玉米粒开始爆开。接着，一边抓住锅柄，一边持续晃动锅子，让剩余的玉米粒在锅底均匀分布，并保证它们可以均匀爆开。
>
> 步骤 4：调味
>
> 当你听不到爆米花"噼里啪啦"的声音时，就可以把锅子从炉子上拿开。现在，把它放在桌子上，打开锅盖。用勺子把爆米花舀到一个大碗里，并加入一点盐，搅拌一下，让爆米花均匀沾上盐分。如果你喜欢甜的口味，你还可以加入一些糖。
>
> 步骤 5：享用！
>
> 现在，你的美味爆米花就做好了！可以邀请你的家人和朋友一起分享，或者

独自享用。祝你享受这美味的小吃！

好了，以上就是制作美味爆米花的方法。希望这个简单的食谱对你有帮助，如果你有任何问题，请随时问我。

步骤02　**选取并复制需要使用的脚本内容**。在 ChatGPT 生成的脚本中选中从"首先……"到"祝你享受这美味的小吃！"的文本，按〈Ctrl+C〉快捷键，将所选文本复制到剪贴板。后面将使用这些文本生成动画视频的语音旁白。

7.2　从文字脚本生成语音

有了文字脚本后，可以使用文本转语音的 AI 工具将文字转换成语音，这样我们就不需要自己去朗读和录音了。这里使用第 4 章介绍的 TTSMaker 来完成这项任务。

步骤01　**打开网页并粘贴文字**。在网页浏览器中打开网址 https://ttsmaker.cn/，在网页左侧的文本框中单击以放置插入点，然后按〈Ctrl+V〉快捷键，将 7.1 节中复制到剪贴板的脚本文字粘贴到文本框中，如图 7-1 所示。

步骤02　**选择语言和发音人**。❶在网页右侧上方的下拉列表框中选择文本的语言，这里根据本案例的实际情况选择中文，❷在下方的列表框中选择发音人，因为本案例的受众是小学生，所以选择童声风格的发音人，如图 7-2 所示。

图7-1

图7-2

步骤03 　**输入验证码并开始转换**。选择好语言和发音人后，❶在下方的文本框中输入右侧随机显示的验证码，❷单击"开始转换"按钮，如图 7-3 所示，即可实现从文字到语音的转换。

步骤04 　**下载生成的语音文件**。转换成功后，❶网页中将显示"文本转换语音文件成功！"的提示信息，❷并自动播放生成的语音，❸单击"下载文件到本地"按钮，如图 7-4 所示，将生成的语音文件下载到计算机中，方便后续制作视频时使用。

图7-3

图7-4

7.3　快速创建动画视频

　　Adobe Express 是一款多合一的内容创作工具，旨在帮助没有专业设计经验的人轻松地完成图像处理、平面设计、视频剪辑等工作。本节将使用 Adobe Express 基于 7.2 节得到的语音生成动画视频。

步骤01 　**打开工具页面**。在网页浏览器中打开网址 https://www.adobe.com/express/ create/video/animation/youtube，单击下方的"Make animations for YouTube"按钮，如图 7-5 所示。

图7-5

步骤 02　**登录 Adobe 账号**。进入新页面后，单击右上角的"Sign up"按钮注册账号，如图 7-6 所示。如果已经拥有 Adobe 账号，可以在单击该按钮后进行登录。

图7-6

步骤 03　**选择动画角色**。❶在页面右侧"角色"选项卡的"类别"下拉列表框中选择"食物"选项，❷在展示的动画角色中选择"爆米花"，如图 7-7 所示。

步骤 04　**选择动画背景**。❶切换到"背景"选项卡，❷在背景素材库中选择"咖啡屋"，如图 7-8 所示。用户还可单击"上传图像"按钮，上传自定义背景。

图7-7

图7-8

步骤05　**设置画面尺寸。**❶切换到"大小"选项卡，❷在"输出大小"下拉列表框中选择视频的目标媒体平台，这里选择"Instagram"，❸在下方选择动画尺寸为横向的 1200×608，如图 7-9 所示。

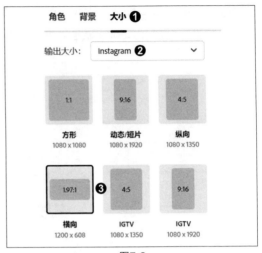

图7-9

步骤06　**调整角色的大小和位置。**设置完上述选项后，在页面左侧的预览区可以查看设置效果，如图 7-10 所示。发现添加的角色在画面中显得偏小，单击角色以将其选中，角色的周围会显示一个编辑框。拖动编辑框的角点可以调整角色的大小，拖动角色可以调整角色的位置，调整后的效果如图 7-11 所示。

图7-10

图7-11

步骤07 **上传音频文件**。❶在预览区的下方打开"增强语音"开关，❷单击"选择一个音频文件"链接，如图 7-12 所示。❸在弹出的对话框中选择 7.2 节中生成的音频，❹单击"打开"按钮，如图 7-13 所示，上传音频文件。

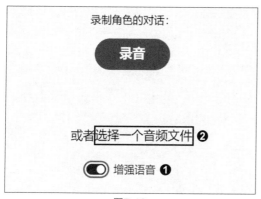

图7-12

图7-13

步骤08 **预览效果并下载视频**。随后网页中会开始根据上传的音频自动生成动画视频，等待几分钟后处理完毕，❶在页面左侧可以预览动画视频的效果，❷单击页面右侧的"下载"按钮，❸可将制作好的动画视频以 MP4 格式保存到计算机中，如图 7-14 所示。

图7-14

步骤09 **播放视频**。视频下载完毕后，即可进行播放，效果如图 **7-15** 所示。可以看到，动画角色的眼神、口型、头部和手部的动作等都会根据音频做相应的变化，总体效果比较自然。

图7-15

第**8**章

电商广告视频制作

随着移动互联网的飞速发展，广告视频已经成为各个品牌在电商平台上推广产品和服务的重要手段。无论是外观的展示，还是功能的介绍，广告视频都能通过生动直观的画面、引人入胜的音乐实现信息的精准传递。本章将结合使用多种 AI 工具为一款沙发制作电商广告视频。

8.1 使用 HeyGen 创建视频主体

假设现在需要为一款沙发制作一个产品解说视频，本节将使用第 5 章介绍的 HeyGen 创建视频的主体部分，包括视频的画面和解说的语音。

步骤01 **打开 HeyGen 的页面**。在网页浏览器中打开 HeyGen 的页面（https://www.heygen.com），然后登录账号。具体方法见 5.3 节，这里不再赘述。

步骤02 **从创建人物开始创作**。登录成功后进入"Home"页面，单击页面上方的"Start with an Avatar"按钮，如图 8-1 所示。

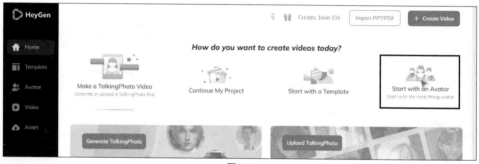

图8-1

步骤03 **选择生成虚拟人物**。❶单击"My Avatar"下方的"TalkingPhoto"标签，❷在展开的选项卡中单击"Upload or generate a TalkingPhoto"按钮，如图 8-2 所示，❸在弹出的菜单中单击"Generate"，如图 8-3 所示。

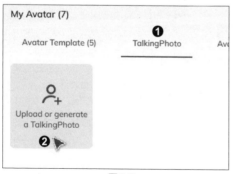

图8-2

图8-3

步骤04 **输入生成人物图像的提示词**。弹出"Generate your unique AI TalkingPhoto"对话框，❶在下方的文本框中输入用于生成人物图像的提示词，如"The anchorwoman in a white shirt with lace details, a black short skirt, long hair, Asian, modern, young, beautiful, half-body"，❷输入后单击"Generate"按钮，如图 8-4 所示。

图8-4

步骤05 **生成并保存人物图像**。稍等片刻，HeyGen 会根据输入的提示词生成四张人物图像，❷单击"Save"按钮，保存生成的图像，❸然后单击对话框右上角的█按钮，如图 8-5 所示。如果不满意生成的结果，可以单击"Refresh"按钮，重新生成图像。

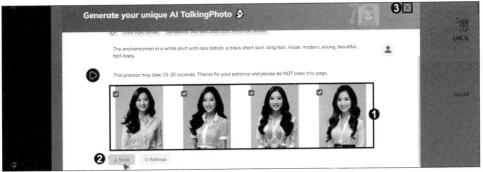

图8-5

步骤06 **选择模板**。❶单击页面左侧的"Template"菜单，打开模板页面，❷切换至"Ecommerce"选项卡，❸在下方单击选择一种合适的模板，如图 8-6 所示。

图8-6

步骤 07　**应用所选模板**。弹出预览模板的对话框，单击对话框中的"Use This Template"按钮，应用该模板，如图 8-7 所示。

图8-7

步骤 08　**替换模板中的人物图像**。自动跳转到"Avatar"页面，❶在左侧切换至"My Avatar"选项卡，可以看到步骤 05 中保存的人物图像，❷单击其中一张人物图像，❸模板中的人物图像会被替换成所选图像，如图 8-8 所示。

图8-8

步骤 09　**去除图像背景**。❶单击工具栏中的🖼按钮，❷去除人物图像的背景，如图 8-9 所示。

图8-9

步骤10 **修改模板中的文字**。❶选中模板中的文字"Furniture"，将其更改为"Sofa"，❷选中下方的网址信息，如图 8-10 所示，按〈Delete〉键删除。

图8-10

步骤11 **输入解说词**。❶在"Text Script"下方的文本框中输入解说词，❷单击右侧的"Sara - Cheerful"选项，如图 8-11 所示。

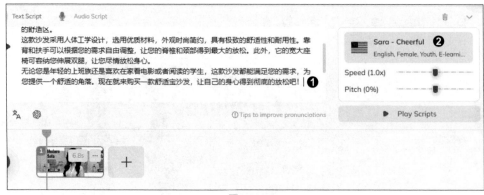

图8-11

步骤 12 **选择语音。** 弹出"AI Voice"对话框，❶在语言下拉列表框中选择"Chinese"（中文），❷在性别下拉列表框中选择"Female"（女性），在下方的"Voice Library"语音库中会列出相应的语音，❸先单击语音右侧的 ▶ 按钮试听效果，❹感到满意后单击"Select"按钮，选择该语音，如图 8-12 所示。

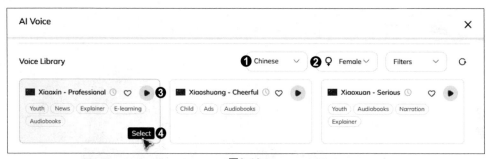

图8-12

> **提 示**
>
> 　　如果想要使用自己录制的声音，可以单击"AI Voice"对话框中的"Create New Voice Clone"按钮，然后进入语音克隆页面，根据提示用麦克风录制一段自己的声音。

步骤 13 **调整语速和语调。** 返回主页面，❶拖动"Speed"滑块，调整语速，❷拖动"Pitch"滑块，调整语调，❸设置后单击"Play Scripts"按钮试听效果，如图 8-13 所示。

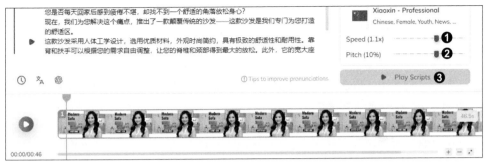

图8-13

步骤14　**提交设置**。❶满意后在页面右上角输入视频文件名称"沙发"，❷然后单击右侧的"Submit"按钮，如图 8-14 所示。弹出"Confirm to Submit"对话框，❸显示生成视频需要消耗的时长积分，❹确认无误后单击"Submit"按钮提交，如图 8-15 所示。

图8-14

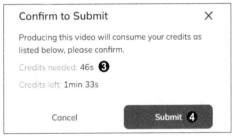

图8-15

步骤15　**下载视频文件**。稍等片刻，❶ HeyGen 会生成视频文件并自动切换至"Video"页面，❷在此页面中会显示生成的视频的预览图，单击它可以播放视频。将鼠标指针放在视频预览图上，❸单击右上角的 按钮即可下载生成的视频，如图 8-16 所示。

图8-16

8.2 使用 soundful 生成背景音乐

　　背景音乐可以为视频营造特定的氛围和节奏，并与解说内容相辅相成，有助于提升观众的情绪，加强品牌形象，以及传达产品的特点和价值。本节将使用第 4 章介绍的 soundful 为视频生成一段轻松愉悦的背景音乐。

步骤01 **选择音乐模板**。在网页浏览器中打开 soundful 首页（https://soundful.com/），并登录账号。❶单击左侧的"Templates"标签，❷在右侧选择一个合适的音乐模板，并单击模板右下角的❶按钮，如图 8-17 所示。

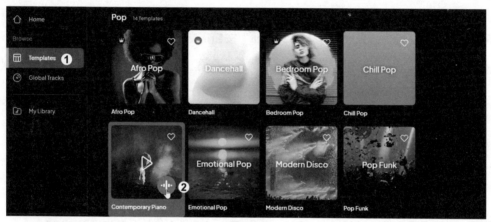

图8-17

步骤02 **设置选项并生成音乐**。弹出"Create a track"窗口，❶拖动"Speed"下方的滑块，调整音乐的速度，❷单击"Key"下方的"D#/Eb"按钮，更改音乐的音调，❸设置完成后单击上方的"CREATE PREVIEW"按钮，如图 8-18 所示。

图8-18

步骤 03 **输入作品名称并保存**。稍等片刻，soundful 会根据设置的各选项生成相应的音乐，并自动播放生成的音乐。❶在下方的"Track Name"文本框中输入音乐作品名称"广告背景音乐"，❷单击"SAVE"按钮，保存生成的音乐，如图 8-19 所示。如果对生成的音乐不太满意，可以单击"CREATE NEW PREVIEW"按钮，重新生成音乐。

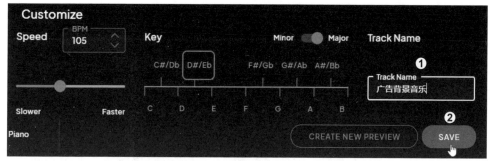

图8-19

步骤 04 **获取保存的音乐**。❶单击左侧的"My Library"标签，❷单击"广告背景音乐"右侧的"GET"按钮，获取生成的音频文件，如图 8-20 所示。

图8-20

步骤 05 **下载音频文件**。获取音频文件后，"GET"按钮自动变为下载按钮，单击该按钮，如图 8-21 所示，即可下载音频文件。

图8-21

8.3　使用腾讯智影剪辑和合成广告视频

生成视频主体和背景音乐之后，需要对它们进行剪辑和合成，得到完整的广告视频。本节使用腾讯智影这款云端智能视频创作工具来完成这项工作。

步骤01 **选择"视频剪辑"智能小工具。** 在网页浏览器中打开腾讯智影首页（https://zenvideo.qq.com），单击页面右上角的"登录"按钮进行登录。登录成功后，单击"智能小工具"下的"视频剪辑"，如图 8-22 所示。

图8-22

步骤02 **上传素材。** 进入视频剪辑页面，并自动展开"我的资源"面板。❶单击面板中的"本地上传"按钮，如图 8-23 所示，❷在弹出的"打开"对话框中按住〈Ctrl〉键分别单击要上传的视频素材和音频素材，❸然后单击"打开"按钮，如图 8-24 所示，上传所选素材。

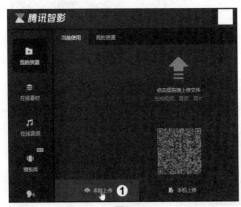

图8-23

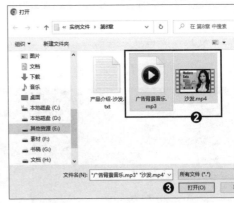

图8-24

步骤 03　**将视频素材添加至视频轨道。**素材上传完毕后会显示在"我的资源"面板中，❶单击视频素材右上角的 ➕ 按钮，如图 8-25 所示，❷将视频素材添加到视频轨道上，如图 8-26 所示。

图8-25　　　　　　　　　　　　　　　　　图8-26

步骤 04　**将音频素材添加至音频轨道。**❶返回"我的资源"面板，❷单击音频素材右上角的 ➕ 按钮，如图 8-27 所示，❸将音频素材添加到音频轨道上，如图 8-28 所示。

图8-27　　　　　　　　　　　　　　　　　图8-28

步骤 05　**分割音频。**❶将时间线拖动到需要分割的位置"00:00:25:19"，如图 8-29 所示，❷单击轨道上方的 ❚❚ 按钮，❸从当前时间线位置分割音频，如图 8-30 所示。

 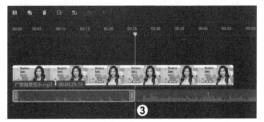

图8-29　　　　　　　　　　　　　　　　　图8-30

步骤 06　**删除分割出来的第 1 段音频。**❶选中分割出来的第 1 段音频，按〈Delete〉键将其删除，如图 8-31 所示，❷选中保留的第 2 段音频，拖动到最左侧，如图 8-32 所示。

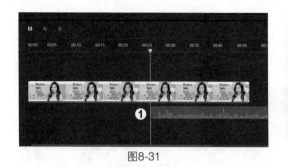

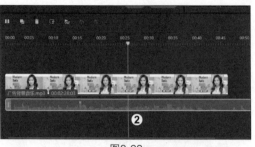

图8-31   图8-32

步骤07 **再次分割音频。**❶将时间线拖动到视频画面的结束位置，如图 8-33 所示，❷单击轨道上方的 ⏸ 按钮，❸从当前时间线位置分割音频，如图 8-34 所示。

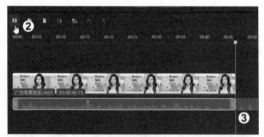

图8-33   图8-34

步骤08 **删除分割出来的第 2 段音频。**❶选中分割出来的第 2 段音频，如图 8-35 所示，❷按〈Delete〉键将其删除，如图 8-36 所示。

图8-35   图8-36

步骤09 **调整音量。**❶选中保留的音频片段，❷将时间线拖动到视频画面的开始位置，如图 8-37 所示，❸向左拖动"编辑"面板中的"音量大小"滑块，降低背景音乐的音量，如图 8-38 所示。

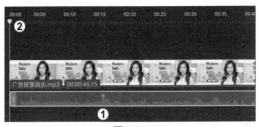

图8-37

图8-38

步骤10 **自动生成字幕**。处理好音频后，可根据语音为视频添加字幕。❶右击视频轨道中的视频素材，❷在弹出的快捷菜单中执行"字幕识别 > 中文字幕"命令，如图 8-39 所示。

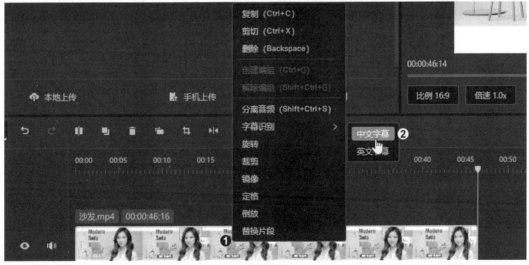

图8-39

步骤11 **查看识别字幕的效果**。稍等片刻，字幕轨道中就会显示识别出来的字幕文本，如图 8-40 所示。

图8-40

步骤12 **调整字幕的位置。**❶单击视频画面中的字幕文本以将其选中，如图 8-41 所示，❷将字幕文本向下拖动至合适的位置，❸然后单击"合成"按钮，如图 8-42 所示。

图8-41   图8-42

步骤13 **设置选项合成视频。**弹出"合成设置"对话框，❶单击左侧的播放按钮预览视频效果，如果确认无误，❷在对话框右侧输入视频名称"电商广告视频"，❸然后单击"合成"按钮，合成视频，如图 8-43 所示。

图8-43

步骤14 **下载合成的视频文件。**自动跳转至"我的资源"页面，根据之前设置的名称找到合成的视频，将鼠标指针放在该视频上，单击 🔽 按钮即可下载视频文件，如图 8-44 所示。

步骤 15　**播放下载的视频**。视频文件下载完毕后，用视频播放器进行播放，效果如图 8-45 所示。

图8-44

图8-45

第**9**章

毕业季短视频制作

本章将结合使用多种 AI 工具制作一段毕业季短视频，制作过程中所需的脚本、图像素材、视频素材、音频素材、字幕全部使用 AI 工具生成，最后使用 AI 工具将所有素材合成为一个完整的视频作品。

9.1　使用 ChatGPT 生成脚本

制作短视频的第一步是撰写一份能够展示视频画面设定和旁白的脚本。我们可以使用前面的章节中介绍的文本生成类 AI 工具撰写脚本，这里使用的是 ChatGPT，具体对话过程如下。

我要制作一个围绕校园学习环境和景色展开的毕业季短视频，请帮我写一份简洁的短视频脚本，只需要给出视频画面设定和旁白内容。

以下是一份围绕校园学习环境和景色展开的毕业季短视频脚本：

[音乐渐入]

画面：校园草坪，阳光明媚。

旁白：毕业季，回到最初的起点，感受那片熟悉的校园。

画面：校园建筑，整齐排列。

旁白：这里见证了我们的足迹，青春的记忆永远留存。

画面：校园湖泊，湖面倒映蓝天云彩。

旁白：湖泊宁静美丽，曾是我们放松和思考的地方。

画面：校园小道，绿树成荫，学生穿行其中。

旁白：小道连接梦想，我们曾奔跑其中，留下坚持的痕迹。

画面：校园图书馆，书架上摆满书籍。

旁白：知识的宝库，培养我们的智慧和思想。

画面：告别墙，留满毕业生的祝福。

旁白：感恩母校，对未来充满期许。

画面：整个校园的美丽景色。

旁白：毕业季的校园，充满回忆与希望，迎接新的旅程。

[音乐高潮]

画面：黑屏

旁白：毕业季快乐！祝愿前程似锦，继续追逐梦想。

根据实际需求继续利用 ChatGPT 或其他文本生成类 AI 工具对脚本进行修改和润色，以确定短视频的画面内容，便于后续使用 AI 工具生成图像素材或视频素材。

9.2　使用 Vega AI 生成图像素材

　　完成脚本的撰写和修改后，就需要根据脚本描述的画面获取制作短视频所需的图像素材和视频素材。下面使用第 2 章介绍的 Vega AI 生成图像素材。

步骤01　**设置生成图像的参数。**在网页浏览器中打开 Vega AI（https://rightbrain.art/），切换至"文生图"界面。❶在界面底部的"请输入生成文案"文本框中输入视频脚本中描述的第一个画面的关键词，❷在界面右侧根据需要设置"基础模型""图片尺寸""张数"等参数，如图 9-1 所示。

图9-1

步骤02　**下载图片。**❶设置好各项参数后单击"生成"按钮，生成图片，如果对图片效果感到满意，可单击"优化高清"获取更高清的图片，❷这里直接单击"下载图片"按钮，将其下载下来备用，如图 9-2 所示。使用相同的方法根据脚本中的描述生成更多图像素材。

图9-2

9.3 使用一帧秒创生成视频素材

获得所需的图像素材后，接着使用第 5 章介绍的一帧秒创以智能匹配的方式获取视频素材。

步骤01 **编辑文案**。在网页浏览器中打开一帧秒创（https://aigc.yizhentv.com/）并完成登录，进入"图文转视频"页面。❶在"文案输入"下方的文本框中输入需要智能转换为视频的文案内容，❷设置匹配范围和视频比例，❸单击"下一步"按钮，如图 9-3 所示。❹在打开的"编辑文稿"页面中继续单击"下一步"按钮，如图 9-4 所示。

图9-3

图9-4

步骤02 **智能匹配视频素材**。稍等片刻，会进入"场景"页面，可以看到一帧秒创根据文案内容自动从在线素材库中匹配的视频素材。如果不满意当前的匹配结果，可以单击 按钮重新匹配，如图 9-5 所示。感兴趣的读者还可以根据第 5 章介绍的方法对字幕、音乐和配音等进行设置。这里仅保留视频画面。

图9-5

步骤03 **下载视频**。完成上述操作后，❶单击页面右上角的"生成视频"按钮，如图 9-6 所示，将自动跳转至"我的作品"页面，等待视频合成。将鼠标指针置于作品缩略图上，❷单击"下载视频"按钮，如图 9-7 所示，将视频保存在合适的位置。可使用相同的方法获取更多视频素材。

图9-6

图9-7

9.4　使用 soundful 生成背景音乐

背景音乐应与视频内容相互呼应，创造出和谐统一的效果。毕业季的视频内容适合搭配温馨和轻柔的音乐，以营造温暖和感伤的氛围，唤起观众的情感共鸣。下面使用第 4 章介绍的 soundful 为毕业季短视频生成一首轻柔优美的背景音乐。

步骤01 **选择音乐模板。** 在网页浏览器中打开 soundful（https://soundful.com/）并登录。❶进入"Templates"页面，❷找到合适的模板后单击该模板右下角的 ⊕ 按钮，如图 9-8 所示。

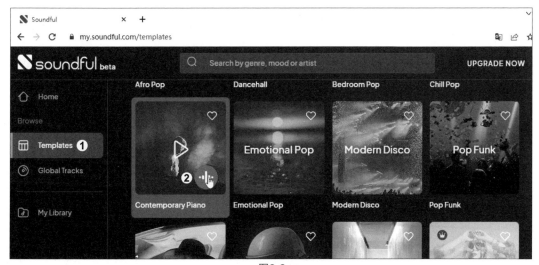

图9-8

步骤02 **设置选项并生成音乐**。在"Create a track"窗口中打开该模板，❶对各个选项进行设置，❷单击"CREATE PREVIEW"按钮，如图 9-9 所示，生成音乐预览。对预览效果感到满意后，❸在"Track Name"文本框中输入音乐作品的名称，单击"SAVE"按钮，保存生成的音乐。然后切换至"My Library"页面，将音乐下载为 MP3 格式文件。

图9-9

9.5 使用 Clipchamp 生成旁白语音和字幕

Clipchamp 是一款简单易用的视频剪辑工具，下面使用 Clipchamp 将短视频脚本中的旁白文本转换为 AI 语音，并自动生成字幕。

步骤01 **启动"文字转语音"功能**。打开 Clipchamp 桌面应用程序或在网页浏览器中打开 https://clipchamp.com/zh-hans/ 并完成登录，❶在"主页"界面中单击"创建新视频"按钮，如图 9-10 所示。进入视频编辑器界面，❷单击"录像和创建"标签，❸在展开的面板中单击"文字转语音"按钮，如图 9-11 所示。

图9-10

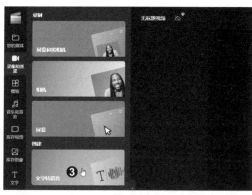

图9-11

步骤02 将文字转换为语音。❶在弹出的"文字转语音"对话框中设置"语言""声音""语音样式""语音速度""语音音调"等选项，❷在文本框中输入准备好的旁白文字内容。❸单击"预览"按钮可试听语音效果，若感到满意，❹则单击"保存到媒体"按钮，如图 9-12 所示。

图9-12

步骤03 打开自动字幕。将保存到媒体库中的音频素材拖动至时间线上，❶单击窗口右侧的"字幕"标签，❷在展开的面板中单击"打开自动字幕"按钮，如图 9-13 所示。❸在弹出的"字幕识别语言"对话框中设置项目语言，❹单击"打开自动字幕"按钮，如图 9-14 所示。

图9-13

图9-14

步骤04 **按照字幕分割音频**。稍等片刻，即可看到根据音频生成的字幕。字幕中可能会有标点和文字的错误，需进行核对和修改。为了让音频、字幕和后续添加的视频画面更加契合，并便于根据音频调整视频部分的时长，需要按照字幕分割音频。❶在字幕中单击需要分割的位置，如图 9-15 所示，❷在时间线上方单击"分割"按钮，❸即可将音频按照字幕进行分割，如图 9-16 所示。使用相同的方法完成整个音频的分割。

图9-15

图9-16

9.6 使用 Clipchamp 剪辑与合成视频

通过以上操作得到所需的素材后，就可以进行短视频的剪辑与合成了。下面使用 Clipchamp 将素材添加到时间线上，然后添加简单的文字片头片尾和画面效果，最后导出视频。

步骤01 **导入素材并调整时长**。单击"您的媒体"界面中的"导入媒体"按钮，❶在"打开"对话框中选中要导入的素材，❷单击"打开"按钮，如图 9-17 所示，导入素材。❸将导入的素材按照音频和字幕描述依次拖动至时间线上的相应位置，并调整至合适的时长，如图 9-18 所示。

图9-17

图9-18

步骤 02 **添加文字片头和片尾**。在时间线上选中视频剪辑和旁白音频剪辑，并将它们向右侧拖动，预留出片头位置。❶切换至"文字"界面，❷单击合适的文字样式右下角的"添加到时间线"按钮，如图9-19所示。❸在窗口右侧设置文字内容、字体、大小和颜色，如图9-20所示。按〈Ctrl+D〉快捷键复制文字剪辑，将其拖动至片尾位置并修改文字内容，完成简易文字片头片尾的制作。

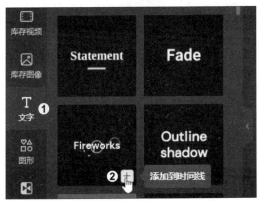

图9-19

图9-20

步骤 03 **添加画面效果**。❶选中需要添加同一效果的视频剪辑，如图 9-21 所示，❷单击"效果"标签，❸在展开的面板中选择合适的效果并设置效果的参数值，如图 9-22 所示。使用相同的方法为其他视频剪辑添加滤镜和效果等。

图9-21

图9-22

步骤 04 **导出视频**。完成视频的剪辑后，❶单击"导出"按钮，❷在展开的列表中选择合适的视频画质，如图 9-23 所示。❸在打开的界面中修改视频名称，❹界面中会显示视频合成进度，如图 9-24 所示。完成后会将视频下载至默认存储位置。至此，毕业季短视频就制作完成了。

图9-23

图9-24

提 示

Clipchamp 是由微软公司提供的视频编辑器。这里简单介绍 Clipchamp 的两种主要使用途径：网页浏览器和桌面应用程序。

1. 网页浏览器

在网页浏览器中打开网址 https://app.clipchamp.com，进入"登录或创建账户"页面，可以使用微软账户或谷歌账户登录，也可以使用电子邮件创建新账户。这里建议使用微软账户，单击"继续使用 Microsoft（个人版或家庭版）"选项，如图 9-25 所示。根据页面提示输入账号和密码完成登录，即可进入 Clipchamp 首页，开始使用 Clipchamp。

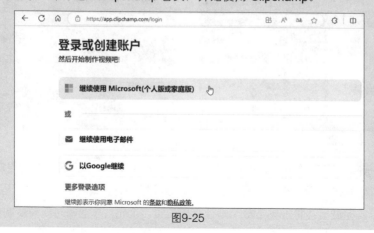

图9-25

2. Windows 桌面应用程序

Clipchamp 为 Windows 11 的预装程序，Windows 11 用户可直接在开始菜单中找到并打开该程序。Windows 10 用户则可通过 Microsoft Store 安装 Clipchamp 应用程序，具体操作如下。

执行"开始→ Microsoft Store"命令，打开 Microsoft Store 主页，在搜索框中输入关键词"clipchamp"，在弹出的列表中单击"Clipchamp - 视频编辑器"选项，如图 9-26 所示。

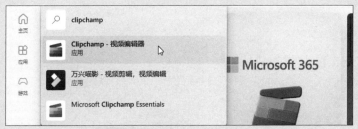

图9-26

在打开的程序详情页面可以看到 Clipchamp 的基本描述、用户评价和屏幕截图等内容，单击程序图标和名称下方的"获取"按钮，如图 9-27 所示，即可开始下载和安装该程序。整个安装过程会自动进行，不需要执行其他操作。当"获取"按钮上的文本变为"打开"时，表示程序已安装完成。

图9-27

执行"开始→ Microsoft Clipchamp"菜单命令，即可打开 Clipchamp 桌面应用程序，其登录界面与网页版一致，此处不再赘述。

第 **10** 章

健康饮食科普视频制作

在如今快节奏的生活中，正确的饮食习惯对于保持健康至关重要，本章就来制作一个关于健康饮食的科普短视频。在过去，制作这样一个视频可能需要花费大量的时间和精力来收集和整理相关的知识和图片等素材；而现在借助 AI 工具就能快速制作出作品的雏形，再稍加优化，即可得到一个不错的作品。

10.1　使用文心一言生成脚本

　　标题和脚本是短视频创作的重要基石，下面使用第 1 章介绍的文心一言为本案例的短视频撰写标题和脚本。

步骤 01　**描述需求并生成标题**。在网页浏览器中打开文心一言（https://yiyan.baidu.com/），进行如下所示的对话。

> 👤　我要制作关于健康饮食的科普视频，视频的主要内容是介绍日常饮食中的一些误区，请帮我生成几个视频标题。

> 🤖　以下是我为健康饮食的科普视频生成的一些标题：
> （1）你是否还在犯这些饮食误区？
> （2）你的饮食习惯是否健康？
> （3）如何避免日常饮食中的陷阱？
> （4）为什么这些饮食误区会影响你的健康？
> （5）健康饮食：远离这些常见的误区
> （6）你是否还在被这些饮食误区所困扰？
> （7）饮食误区：如何识别并避免它们？
> （8）健康饮食：掌握这些关键点
> （9）如何从饮食误区中恢复健康？
> （10）健康饮食：这些误区是你必须避免的

步骤 02　**按要求修改标题**。文心一言生成的 10 个标题普遍比较平庸，缺乏创意和吸引力。因此，我们继续让文心一言修改标题，对话过程如下。

> 👤　为了吸引观众的注意力并激发他们的兴趣，我希望在标题中使用具体的数字来强调内容。

> 🤖　好的，根据您的要求，以下是几个使用具体数字强调内容的标题：
> （1）健康饮食：五大误区，你中招了吗？
> （2）健康饮食：掌握这三个关键点，远离疾病！

（3）健康饮食：如何从这些误区中恢复健康？五个秘诀告诉你！

（4）健康饮食：这些食物搭配误区你中了几个？赶紧看看！

（5）健康饮食：避免这四个饮食陷阱，让你更健康！

（6）健康饮食：你的早餐搭配正确吗？五种健康的组合方式！

（7）健康饮食：这五个饮食习惯让你更长寿！

（8）健康饮食：吃这十种食物，让你远离疾病！

（9）健康饮食：聪明搭配食物，让你每天多活两小时！

（10）健康饮食：告别减肥误区，打造完美身材！一个月瘦五公斤！

希望这些标题能够满足您的需求！

步骤03 **描述需求并生成视频脚本**。文心一言按要求修改后的标题比较令人满意，我们可以从中选择一个标题，让文心一言根据这个标题撰写视频脚本。继续与文心一言进行如下所示的对话。

> 我的视频标题是"健康饮食：五大误区，你中招了吗？"，视频时长约一分钟，请帮我撰写一份短视频脚本。

> 以下是我根据标题"健康饮食：五大误区，你中招了吗？"撰写的视频脚本：
>
> 【误区一：只吃蔬菜水果，认为肉类等食品不健康】
>
> 画面：显示一个人只吃蔬菜和水果，而忽略肉类等食品。
>
> 配音：健康饮食并不意味着只能吃蔬菜水果，肉类等食品同样重要。肉类是蛋白质的来源，能够帮助维持身体的正常运转。
>
> 画面：显示一个人吃均衡的饮食，包括蔬菜、水果、肉类等食品。
>
> 【误区二：完全放弃零食，认为零食只会让人变胖】
>
> 画面：显示一袋零食。
>
> 配音：零食并不一定就是不良食品，只要选择得当，就不会对身体造成负面影响。例如坚果类食品，它们富含健康的脂肪和蛋白质，可以为身体提供能量。
>
> 画面：显示一个人在吃适量的坚果类零食。
>
> 【误区三：过度依赖营养补充剂】
>
> 画面：显示一个人在服用营养补充剂。
>
> 配音：营养补充剂并不是万能的，过量服用可能会导致健康问题。最好的方

式是通过均衡的饮食来获取足够的营养。

画面：显示一个人在吃各种食物，如蔬菜、水果、肉类等，来获取足够的营养。

【误区四：只吃天然、有机的食品】

画面：显示一个人在购买食品时只选择天然、有机的食品。

配音：虽然这些食品可能更健康，但它们的价格也更高。在购买食品时，应该根据自己的经济能力做出选择。

画面：显示一个人在购买经济实惠的食品，同时兼顾了健康。

【误区五：认为节食是减肥的最佳方法】

画面：显示一个人在节食。

配音：节食并不一定是减肥的最佳方法。健康的饮食和适量的运动才是减肥的关键。

画面：显示一个人在均衡饮食的同时，还进行了适量的运动来减肥。

【结束语】

健康饮食对于保持身体健康至关重要。我们应该避免上述误区，通过均衡的饮食和适量的运动来保持健康。

步骤04 **提取脚本中的主要信息。**文心一言撰写的视频脚本不仅列出了常见的饮食误区，而且为每一个误区设置了相应的画面内容和配音。假设这里不需要使用画面内容，可以与文心一言进行如下所示的对话。

👤 请将以上脚本中的画面内容删除。

🤖 好的，以下是无画面内容的脚本：

大家好，欢迎来到本期视频。今天，我将与大家分享关于健康饮食的五个误区。让我们开始吧！

误区一：只吃蔬菜水果，认为肉类等食品不健康。虽然蔬菜水果富含营养，但肉类等食品也是健康饮食的重要组成部分。我们应该适量摄入各种食物，以获得均衡的营养。

误区二：完全放弃零食，认为零食只会让人变胖。虽然部分零食可能含有较高的热量，但一些健康的零食如坚果、水果干等可以作为能量补充。不过，要注意摄入量，以免过度摄入。

误区三：过度依赖营养补充剂。虽然营养补充剂可以提供一定的营养素，但不能替代天然食品。同时，过量摄入某些营养素也可能对身体造成负面影响。

误区四：只吃天然、有机的食品。这些食品确实更加健康，但是它们的价格较高，并不一定适合每个人的经济状况。我们可以根据自己的实际情况选择相应的食品，并保证摄入量合理。

误区五：认为节食是减肥的最佳方法。虽然节食可以在短期内减轻体重，但是长期来看，这种方法可能导致代谢变慢，甚至可能引发健康问题。我们应该通过合理的饮食和运动来保持健康的体重。

以上就是关于健康饮食的五个误区。希望大家能够避免这些误区，保持健康的饮食习惯。如果喜欢本期视频，请记得点赞和分享哦！

10.2　使用剪映从文本一键生成视频

有了视频的标题和脚本后，可以使用剪映的"图文成片"功能，一键快速生成视频的雏形。

步骤01　**启动"图文成片"功能。** 打开剪映专业版，单击界面中的"图文成片"按钮，如图10-1 所示。

图10-1

步骤02　**输入文字并选择朗读音色。** 弹出"图文成片"对话框，❶首先输入视频标题，❷然后在标题下方输入视频脚本，❸在"朗读音色"下拉列表框中选择"知识讲解"选项，❹设置完成后单击右下角的"生成视频"按钮，如图 10-2 所示。

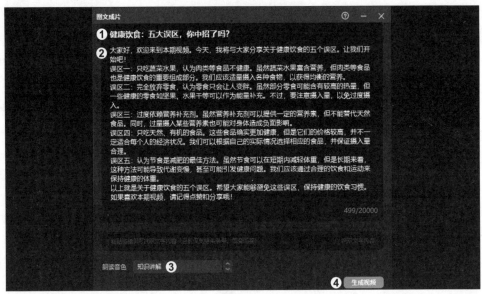

图10-2

步骤03 **预览生成视频的效果**。剪映将根据输入的文本内容自动调取素材，生成视频的画面、字幕和旁白语音，整个过程可能需要几分钟。生成完毕后，在打开的视频剪辑界面中可以预览视频的效果，如图 10-3 所示。

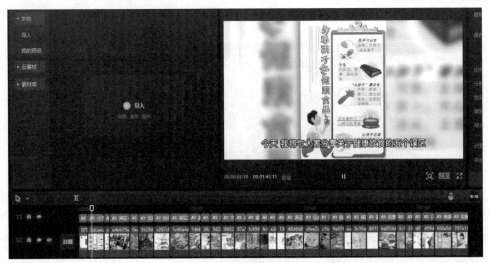

图10-3

10.3 使用 Playground AI 生成素材图像

剪映的"图文成片"功能虽然能快速生成视频，但它提供的素材非常有限，可能无法满足特定主题或风格的需求，所以我们还需要自行准备一些素材，用来替换剪映提供的素材中不合适或效果不好的部分。这里使用第 2 章介绍的 Playground AI 生成一些素材图像。

步骤01 **打开 Playground AI 页面**。打开网页浏览器，进入 Playground AI 首页（https://playgroundai.com/），单击页面中的"Get Started"按钮，如图 10-4 所示。

图10-4

步骤02 **选择参考图片**。❶在打开的新页面中单击"Food"标签，在下方可以看到其他用户用 Playground AI 绘制的美食图片，❷单击选择一张适合视频内容的图片，如图 10-5 所示。

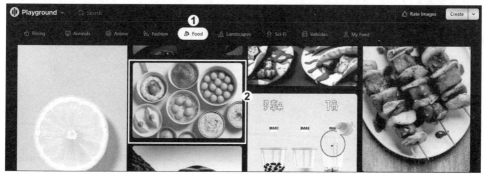

图10-5

步骤03 **复制参数信息**。弹出图片详情对话框，显示生成图片所使用的提示词和模型等参数信息，单击"Remix"按钮，一键复制这些参数信息，如图 10-6 所示。

图10-6

步骤04 **设置图片大小和生成数量**。进入图像创作页面，❶在"Image Dimensions"下方指定生成的图像大小为"768×512"，如图 10-7 所示，❷单击"Number of Images"下方的"4"选项，设置生成图片的数量，如图 10-8 所示。

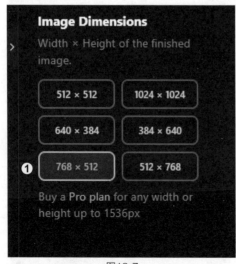

图10-7

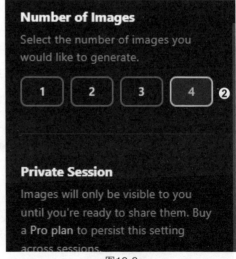

图10-8

步骤05　生成并预览图像。 ❶单击页面左下角的"Generate"按钮，❷稍等片刻，Playground AI 会生成与参考图像风格类似的四张图像，如图 10-9 所示。

图10-9

步骤06　放大并下载图像。 将鼠标指针放在生成的某一张图像上，❶单击浮现的"Actions"按钮，❷在展开的菜单中单击"Upscale by 4x"命令，将图像放大 4 倍，如图 10-10 所示。弹出的对话框中会逐渐显示放大的图像，稍等片刻，图像放大完毕，❸单击"Download"按钮，下载放大后的高清图像，如图 10-11 所示。

图10-10

图10-11

步骤 07 **生成更多的图像。** 重复以上操作，根据视频的内容生成更多的素材图像，如图 10-12 所示。

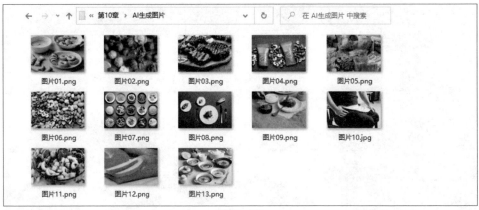

图10-12

10.4 使用剪映替换素材完善视频效果

使用 Playground AI 生成新的素材后，可以在剪映中用新素材替换现有素材，得到更完善的视频效果。

步骤 01 **指定要替换的素材。** 返回剪映专业版，❶在时间轴上选中并右击需要替换的素材，❷在弹出的快捷菜单中执行"替换片段"命令，如图 10-13 所示。

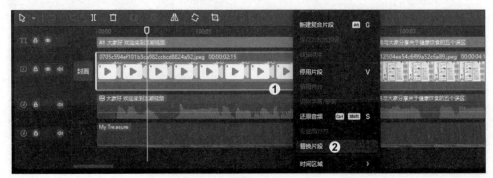

图10-13

步骤02　**选择用于替换的素材**。弹出"请选择媒体资源"对话框，❶在对话框中选中用于替换的素材，❷单击"打开"按钮，如图 10-14 所示。稍等片刻，将弹出如图 10-15 所示的"替换"对话框，❸单击对话框中的"替换片段"按钮。

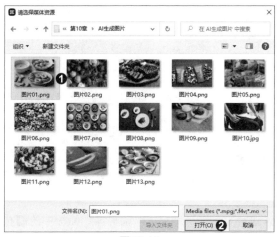

图10-14　　　　　　　　　　　　　　　图10-15

步骤03　**替换并选中素材**。随后在时间轴上可以看到替换后的素材缩览图，单击选中替换后的素材，如图 10-16 所示。

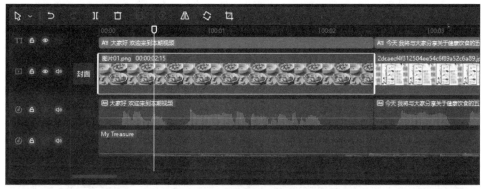

图10-16

步骤04　**放大图像填满画布**。❶展开"画面"面板，❷向右拖动"缩放"滑块，❸将素材图像放大至填满整张画布，如图 10-17 所示。

图10-17

步骤05 **替换更多的素材**。使用相同的方法替换更多素材。单击"播放器"面板中的▶按钮，可以预览替换素材后的视频效果，如图 10-18 所示。

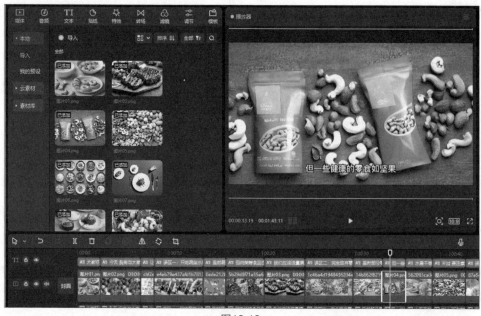

图10-18

步骤06　**导出视频文件**。完成素材的替换操作后，❶单击窗口右上角的"导出"按钮，如图 10-19 所示，弹出如图 10-20 所示的"导出"对话框，❷在对话框中输入作品名称并指定导出位置，❸单击"导出"按钮。

图10-19

图10-20

步骤 07 **播放导出的视频**。视频导出完毕后，即可使用视频播放器进行播放，观看完整的效果，如图 10-21 所示。

图10-21